布里特·安德森
Britt Anderson

美国南加州大学医学硕士、布朗大学脑科学博士，现任加拿大滑铁卢大学心理学系副教授、理论神经科学中心成员。

Computational Neuroscience and Cognitive Modelling

脑科学前沿译丛
主编 李红 周晓林 罗跃嘉

计算神经科学和认知建模

[加] 布里特·安德森 著
Britt Anderson
夏骁凯 等译

浙江教育出版社·杭州

图书在版编目（CIP）数据

计算神经科学和认知建模 /（加）布里特·安德森(Britt Anderson) 著 ; 夏骁凯等译. -- 杭州 : 浙江教育出版社, 2023.11
（脑科学前沿译丛）
ISBN 978-7-5722-6497-9

Ⅰ. ①计… Ⅱ. ①布… ②夏… Ⅲ. ①神经科学 Ⅳ. ①Q189

中国国家版本馆CIP数据核字(2023)第169005号

引进版图书合同登记号 浙江省版权局图字：11-2020-327

脑科学前沿译丛

计算神经科学和认知建模

JISUAN SHENJING KEXUE HE RENZHI JIANMO

[加] 布里特·安德森 (Britt Anderson) 著　夏骁凯　陈小聪　张沥今　杨逸东　边蓓蕾　李宇轩　译

责任编辑：葛　武　戚　英
美术编辑：韩　波
责任校对：余晓克
责任印务：陆　江　滕建红
装帧设计：融象工作室_顾页

出版发行：浙江教育出版社（杭州市天目山路 40 号）
图文制作：杭州林智广告有限公司
印刷装订：杭州佳园彩色印刷有限公司
开　本：787 mm×1092 mm　1/16
印　张：15.5
插　页：4
字　数：310 000
版　次：2023 年 11 月第 1 版
印　次：2023 年 11 月第 1 次印刷
标准书号：ISBN 978-7-5722-6497-9
定　价：79.00 元

如发现印装质量问题，影响阅读，请与我社市场营销部联系调换。联系电话：0571-88909719

“脑科学前沿译丛”总序

人类自古以来都强调要“认识你自己”（古希腊箴言），因为“知人者智，自知者明”（老子《道德经》第三十三章）。然而，要真正清楚认识人类自身，尤其是清楚认识人类大脑的奥秘，那还是极其困难的。迄今，人类为“认识世界、改造世界”已经付出了艰辛的努力，取得了令人瞩目的成就，但对于人类自身的大脑及其与人类意识、人类健康的关系的认识，还是相当有限的。20世纪90年代开始兴起、至今仍如初升太阳般光耀的国际脑科学研究热潮，为深层次探索人类的心理现象，揭示人类之所以为人类，尤其是揭示人类的意识与自我意识提供了全新的机会。始于2015年，前后论证了6年时间的中国脑计划在2021年正式启动，被命名为“脑科学与类脑科学研究”。

著名的《科学》（*Science*）杂志在其创立125周年之际，提出了125个全球尚未解决的科学难题，其中一个问题就是“意识的生物学基础是什么”。要回答这个问题，就必须弄清“意识的起源及本质”。心理是脑的机能，脑是心理的器官。然而，研究表明，人脑结构极其复杂，拥有近1000亿个神经元，神经元之间通过电突触和化学突触形成上万亿级的神经元连接，其内部复杂性不言而喻。人脑这样一块重1400克左右的物质，到底如何工作才产生了人的意识？能够回答这样的问题，就能够解决“意识的生物学基础是什么”这一重大科学问题，也能够解决人类的大脑如何影响以及如何保护人类身心健康这一重大应用问题，还能解决如何利用人类大脑的工作原理来研发新一代人工智能这一重大工程问题。事实上，包括中国科学家在内的众多科学家，已经在脑科学方面做了大量的探索，有着丰富的积累，让我们对脑科学拥有了较为初步的知识。

2017年，为了给中国脑计划的实施做一些资料的积累，浙江教育出版社邀请周晓林、罗跃嘉和我，组织国内青年才俊翻译了一套“认知神经科学前沿译丛”，包括《人类发展的认知神经科学》《注意的认知神经科学》《社会行为中的认知神经科学》《神经经济学、判断与决策》《语言的认知神经科学》《大脑与音乐》《认知神经科学史》等，围绕心理/行为与脑的关系，汇集跨学科研究方法和成果——神经生理学、神经生物学、神经化学、基因组学、社会学、认知心理学、经济/管理学、语言学、音乐学等。据了解，这套译丛在读者群中产生了非常好的影响，为中国脑计划的正式实施起到了积极的作用。

正值中国脑计划启动之初，浙江教育出版社又邀请我们三人组成团队，并组织国内相关领域的专家，翻译出版“脑科学前沿译丛”，助力推进脑科学研究。我们选取译介了国际脑科学领域具有代表性、权威性的学术前沿作品，这些作品不仅涉及人类情感(《剑桥人类情感神经科学手册》)、成瘾(《成瘾神经科学》)、认知老化(《老化认知与社会神经科学》)、睡眠与梦(《睡眠与梦的神经科学》)、创造力(《创造力神经科学》)、自杀行为(《自杀行为神经科学》)等具体研究领域的基础研究，还特别关注与心理学密切关联的认知神经科学研究方法(《计算神经科学和认知建模》《人类神经影像学》)，充分反映出当今世界脑科学的研究新成果和先进技术，揭示脑科学的热点问题和未来发展方向。

今天，国际脑计划方兴未艾，中国也在2021年发布了脑计划首批支持领域并投入了31亿元作为首批支持经费。美国又在2022年发布了其脑计划2.0版本，希望能够在不同尺度上揭示大脑工作的奥秘。因此，脑科学的研究和推广，必然是国际科学界竞争激烈的前沿领域。我们推出这套译丛，旨在宣传脑科学，通过借鉴国际脑科学研究先进成果，吸引中国青年一代学者投入更多的时间和精力到脑科学研究的浪潮中来。如果这样的目的能够实现，我们的工作就算没有白费。

是为序。

李　红

2022年6月于华南师范大学石牌校区

前　言

我在尝试获得一点点计算建模能力时，遵循了一条相当标准化的路径。我会试着阅读每一篇标题看上去具有吸引力的文章，然而我通常只能读懂导言和结论，并深信它们就是能让我学会计算建模的敲门砖。但是当我开始阅读方法部分时，就遇到了问题，这里有很多我不理解的术语和公式。为了能读完整个部分，我尝试搜索每一个术语，但这样会导致另外的两个问题：我的学习路径会变得分岔，而且路途变得无穷无尽。我想读懂一篇涉及神经网络的记忆模型文章，可能先阅读某人的MATLAB代码，而我对MATLAB的无知会让我开始关注编程问题，比如MATLAB编程中的“向量化计算”，而想搞懂它又需要学习线性代数的知识。少数时候，这个学习路径能够被我走通。我意识到向量是很多神经网络算法的核心数学概念。我可以思考如何操纵向量，然后可以理解完成这些操纵的MATLAB代码。最后，我才能理解整篇文章。

不过，我现在尝试去写我当年能够拥有的那本书。这本书定义了常见的数学符号，涵盖了计算编程术语的基础知识，并且有足够多的基本例子，让我在试图将他们应用于大的研究问题前，可以看到这些概念是如何在较小的范围内运作的。然而在任何程度上，都没有任何一本心理学或者神经科学的书做到这一点。但我相信自己可以写出这样一本书，来对一些典型的研究问题做出介绍并引出进一步的研究。

这本书写给谁看的? 这本书主要是写给本科生，尤其是心理学本科生看的。因为他们通常对计算模型方法非常感兴趣，但是没有掌握相应的背景知识来阅读专业文献或进行计算实验。

这本书也是为那些像我一样受训较早的科研工作者准备的。当年编写计算机程序需要在卡片上打孔，装在箱子里，最后在计算中心统一执行。现在，计算机技术的发展使我们的桌面计算机有了进行大规模模拟计算的能力，但我们中的许多人仍然处在需要联系技术支持部门来升级我们的Office软件的水平。

这本书同样是写给那些被计算模型方法所吸引，但又本能地排斥它的人。他们可能会排斥文献中的古怪记号和公式。或者，他们觉得并没有时间学习微分方程或者微积分的课程，毕竟这些课程的难度早已名声在外。他们可能会因为编程的艰涩或者编程语言的多样性而备受困扰（万一我选错语言怎么办）。最后，这本书也是为那些认为自己能力不足而排斥计算建模的人所准备的，毕竟很多人认为数学能力是一种天赋。

这本书的目标是什么？这本书的目标是向刚才这些人证明，他们的担忧并无必要。

数学符号并不是障碍，它们只是另一种专业化的术语，用于具体和简洁地表达复杂的思想。使用数学符号并不代表它所表达的东西非常深奥。$6=\sum_{i=1}^{3} i$，这个表达式看起来似乎很神秘，但实际上它只是想说明 1，2，3 这三个数字之和为 6。对于书中涉及的每个数学领域，我都会介绍常用的符号和缩写。这样做是为了让你在阅读时更容易理解。这也是为了让大家相信，一旦理解了这些符号，大多数公式的含义其实简洁明了。公式本身可能包含了深刻的见解，但是它的深度并不来源于构成公式的符号。

使用计算机或者编程也不应该成为计算建模的障碍。这本书计划让你通过熟悉计算机和编程术语，来消除这种疑虑。编程或者写代码，和我们在手机上下载应用，在电脑日历程序上安排约会，或者为电子邮件程序设置垃圾邮件过滤器一样简单。我们使用具有界面的程序来做一些事同样是编程。本书中，我们通过使用电子表格程序作为练习，来介绍编程，这样读者就不会感觉编程过程很陌生。同时，我将逐步介绍编程的结构和术语。在我们能够理解使用电子表格程序和写代码之间的共同之处后，读者就会有勇气去尝试传统的编程。编程如同学习一门外语一样，要说一口流利的外语是需要经过不断练习的。本书打算给读者提供大量的实践机会。此外，我还介绍了一些编程语言类型，并展示了大多数语言的相似性。你不可能挑选一个不好的语言来学习，但其实大多数语言所做的事情是相似的，只是语法略有不同。编程语言之间存在差异，但是这些差异对我们的用途来说并不重要。

数学很难，要成为一名数学家更需要多年的潜心研究，但为了特定的目的来使用数学则并不难。我们并不需要成为数学家才能比较不同的话费套餐，随便找张纸计算一下就可以了，根本不需要使用皮亚诺公理（Peano's axiomatization of arithmetic）。同样，虽然微分方程、线性代数等知识可能是数学中较为艰深的内容，但它们也可以因特定的目标被简单应用，我们不需要像数学家那样对待它们。本书对计算神经科学和认知建模中涉及的一些数学领域进行了简要、精练的介绍，并且对于每一个主题，我都提供了用法示例。

总的来说，我希望上述内容能够消除人们认为数学和计算方法已经超出人的正常能力的偏见。恰恰相反，任何有着充分好奇心的大学生，不管他们的背景如何，也不管他们的最后一堂数学课是否在高中就结束了，他们都能完成本书的练习。我确信这一点，是因为我的教学中就使用这些材料，我还没遇到任何一个完全无法掌握这些知识内容的人。虽然这不容易，但不代表完全做不到。正如任何新的或具有挑战性的研究课题一样，关键在于坚持、引导和鼓励。计算模型就像冰壶或者钢琴，能力的增长来源于持之以恒的练习。

本书是如何编写的？ 为了实现上述目标，本书会循序渐进地介绍研究方法，并力图将它们整合到一条主线上。每个选出的研究问题都会突出一个特定的计算建模主题和数学方法。我会把每个研究问题与神经学或心理学的应用联系起来。在讨论到数学的地方，我会介绍常用的符号和缩写。我会展示最基本的数学思想如何应用于心理学，为我们所用。许多晦涩的数学以及数学家花时间所研究的极具挑战性的分析方法，对于心理学建模通常都是不必要的。我们可以利用计算机的力量来模拟或近似求出我们的答案。本书的练习大多可以在电子表格软件中实现。在一些课程中，我还会演示如何使用传统的计算机语言来实现相同的效果。在电子表格软件中拖动和复制几百行后，学生们往往会更有动力来探索其他方法，并体会到短短几行计算机代码所具有的力量。

本书所选的主题往往别具一格，但是这本书的目标仍然是培养高水平研究所需的技能。我在本书中牺牲深度来获取广度，我更喜欢那些能给初学者以帮助的材料。

如何使用本书? 我建议所有的读者都从第 1 章开始阅读。在开始使用一种方法前，了解它的目标和局限性是很重要的。即使没有别人的帮助，每个人也能独立读完本书。虽然你可以改变各部分的阅读顺序，但是我认为你还是会发现按照本书书写的顺序阅读会更容易理解。书中有很多练习供你尝试，我还附上了答案，以便你确定自己做的是否正确。来自工科或者计算机专业的学生可以通过本书了解到他们的技术对神经科学和心理学有什么用，而有一定心理学基础的学生，无论是本科生还是研究生，都可以从他们感兴趣的部分开始学习。

如果你是一名教师，打算在自己的教学中使用本书，我认为你可以按照任何顺序来进行。本书每一部分都是相对独立的，有自己的重点和练习。我认为每一个部分都可以单独讲授，并可以扩展本科生的心理学研究方法课程。

关于本书的学习是应该从霍奇金—赫胥黎模型和微分方程开始，还是从其他主题开始，有着两种截然相反的观点。一种观点认为，禁忌的术语和微分方程神话般的难度，会使我所期待的学生们望而却步。我理解这种想法，如果教师觉得这部分内容令人不适，确实不适合作为教学的开始。另一种观点，正如我所持的观点，这部分内容恰恰能使学生及早建立起信心。神经元建模作为起始部分可能会有些枯燥，学生可能需要额外的帮助，但是一旦大多数学生遇到了自己熟悉的知识，比如指数函数，并且在整个累积放电模型中都有这些内容，就会极大地鼓舞他们。霍奇金—赫胥黎模型也许看上去有些复杂，但是除了累积放电这个概念外，没有任何新的东西。我发现教学的关键点在于节奏。如果每一章都花一周的时间阅读，他们能在四五周内学完霍奇金—赫胥黎模型的代码。对于那些不太自信的学生在一个月内用电子表格软件编写复杂的偏微分方程的代码，会给他们极大的鼓舞，而这些方法的发现者甚至获得了诺贝尔奖。学生在未来可能不会使用到计算模型，但他们不再会觉得这种方法是魔法。

根据偏好来排序本书的另一个重要部分是介绍各种编程语言的信息和中间部分。如果所有的工作都局限于电子表格软件的话，这些部分完全可以跳过，读者可以自主安排，教师也可以在必要的时候引导学生阅读适当的部分。

对于每个部分所需要的时间，我通常建议每周花两到三个小时来学习每个章节。我会试图让学生进行课外阅读，然后在上课的时候通过合作完成练习，或者与学生们讨论上周留下的问题的解决方案。

最后的叮嘱。我的首要目标是让本书作为探索重要的研究方法世界的入口。我花了很长的时间和大量的工作才达到如今的水平。我觉得我的理解仍然只是我所期待的世界的一小部分，但它仍然足以让我感受到计算模型的力量和乐趣。当你读完本书后，你并不会马上成为一个数学家，但你会有基础，也会使你有足够的信心，通过额外的努力成为数学家。你将能够自主决定研究是否值得做下去，如果你决定不按照这条路线继续深究，你也可以知道自己其实有能力这样做，而且你将会对研究所需有更深入的理解，如果你和一个计算神经科学研究者一起做研究，你将会是很好的合作者。如果你选择对这些主题中的任何一个进行更多的研究，或者抽出时间和我分享你的研究进展，我会非常高兴。无论何时，我都期待你对本书的反馈。

Contents 目录

第三部分 概率和心理模型

第四部分 认知建模的逻辑和规则

第1章 心理学中的计算方法的思想和范畴简介

学习目标

在阅读完本章后，你可以：

- 了解心理学和神经科学的计算模型的目标；
- 了解计算模型的局限性；
- 了解计算机在计算建模的发展过程中所扮演的角色；
- 了解如何评估一个模型的合理性。

1.1 概述

本章主要介绍心理学中使用计算模型的动机和局限性。本书以对话的形式进行交流，这样通常更容易使你加深对问题的思考。若你没有机会与其他人讨论这些想法，则可以阅读一些有关心理学的论文（例如McClelland et al.，2009；McClelland et al.，2010；Griffiths et al.，2010）并就其正确性发表你自己的观点。你可以尝试寻找下列问题的答案：

- 我们为什么总要构建模型？
- 我们能够创造一个大脑吗？我们应该如何尝试？我们应该关心这个问题吗？这对计算心理学来说重要吗？
- 生物合理性在神经和心理模型中应扮演什么样的角色？
- 计算机是否需要建立计算模型？
- 如何评价一个模型？
- 模型假设的要点有哪些？

2

1.2 心理学为什么要构建模型?

其中一个答案可能是，因为你认为大脑本身就在建模。你正在通过建模尝试重现或探索大脑的认知系统。

在克雷克（Craik, 1952）的著作中，最早出现了“心理模型是认知的基础”这一概念/理论，而约翰逊-莱尔德（Johnson-Laird）在1992年（Johnson-Laird, Byrne& Schaeken, 1992）则提出了一种更为现代的心理模型作为认知模型。正如我们可以使用小的机械模型来预测涨潮和退潮的波动一样，也许在我们的大脑（或我们的意识）中，同样也有一些小模拟物再现了外部世界的功能架构。建立认知模型就是对我们的思维世界建模（第21章介绍了一个用于构建心理模型的建模平台）。

我们无须把建模想象得太过困难。模型仅仅是复杂现象的简化版本。我们通常无法完全掌握过于复杂的事物，但是通过将复杂事物抽象化，我们可以理解那些我们感兴趣的现象的重要特征。将复杂的事物看作简单部分的集合，可以更容易地理解复杂的事物，能够让我们了解它的各个部分是如何组合在一起的，并理解其中的因果关系。

但这种模型定义存在一个问题，即我们需要简化到什么程度。我们如何知道哪些部分是不必要的？哪些是核心？判断它们的标准是什么？这难道不是让我们趋于还原主义，将所有思想定律简化为粒子物理学吗？如果从粒子物理学的角度来看待心理，即使是准确的，但能帮我们理解得更加深入吗？

1.3 我们能够创造一个大脑吗?

简单回答的话，是的，我们能够创造一个大脑，每对父母都是这样做的。父母的行动会创造一个新的大脑，以及随之而来的复杂性和各种能力。我们没有办法窥探这个过程，我们也没想要更深入地了解。因此，我们可以说创造一个大脑本身，并不能让我们更深入地理解大脑中的规则和程序是如何影响人类的思想和行为的。

这个问题其实并不简单。神经科学的工具让我们对神经元及其组成有了越来越多的了解。我们知道了许多离子通道的组成与基因的翻译后修饰有关。即使我们知道每个分子在大脑中的位置，我们是否就能够了解大脑整体是如何运作的？这仍然可以引申为大脑和意识是否仅仅是它们各个部分总和的问题。

有科学家正在根据这个思路给大脑建模。洛桑联邦理工学院的“蓝色大脑计划”

(Blue Brain Project)在其网站[1]上明确宣布了他们正在研究此问题：逐步重建大脑并在超级计算机中构建虚拟大脑——这是“蓝色大脑计划”的目标之一。虚拟大脑将成为额外帮助神经科学家认识大脑和了解神经系统疾病的工具。

3

你认同这个思路吗？

理解大脑需要考虑观察尺度，这正是这个思路存在的问题。沙丘是由一颗颗沙粒组成的，正如大脑是由一个个神经元组成的，但是大量对单颗沙粒的研究无法解释沙丘的现象。沙丘的情况需要大量的沙粒相互作用。大脑可能也是如此。

讨论：心理学概念在实验中能实现吗？

我们在研究中经常需要计算，因为有一些东西是在实验中无法直接获得的。你是否认同认知过程无法从实验中直接获得呢？举例来说，一个人能直接操控工作记忆吗？你对这个问题的回答将会影响你如何看待计算建模的价值。

1.4　将计算模型作为实验

在大脑研究中常常使用计算建模的另一个原因，是这些方法在实践中有很强的可行性。通常来说，比起在众多被试身上反复执行行为任务，重复运行只存在微小变化的计算机程序要容易得多。在某些情况下，我们很可能无法重复进行行为研究。病人亨利•莫莱森(Henry Gustav Molaison, HM)[2]也许是有史以来接受心理学研究次数最多的个体。他曾做过的手术导致其他人无法将他参与过的实验过程复现。能够重现亨利•莫莱森病变过程的唯一方法就是建模。

为什么使用计算建模可以提高研究效率？一些研究者认为，计算模型丰富了大家探索问题的手段。当我们对某个主题有了一些想法，在进行更专注、更昂贵或更耗时的研究之前，我们可以“操纵”计算机模型来确定是否值得进行进一步的实验，以及应该首先进行哪些实验。不过这样的行为不正说明我们太过于相信模型吗？难道就没有模型选择不当，导致我们朝错误的方向探索或者探索一些不应该做的研究方向的风险吗？我们应当如何监控使用探索性模型，以确保不会出现这些结果？这些问题也值得我们思考。

由于不会导致动物的死亡，也不会花费其他人的时间，计算模型被认为更符合道德伦理。一些涉及社会冲突的实验在人类研究中有悖道德伦理，但是我们可以创建一个由数百或数千名“小勇士”组成的计算机模型，让其为“领土”而战，以此来探索有关社会冲突的研究（有关用于此类研究的建模平台，请参见第22章）。我们能从这种模型中得到什么结论？我们如何验证通过这种方式得到的假设？

4

连贯性和具体性

语言是很微妙的，在不同的时间对不同的人可能有不同的含义，甚至对于同一个人在不同时间也可能有不同的含义。你会不会在看自己写的东西时，出现“我当时在想什么”这样的想法？模型通常就是将我们的想法由语言转换为公式或计算机程序。这种转换的副产物正是我们在谨慎的言辞中可能缺乏的具体性和准确性。即使模型没有任何“新”的地方或者任何新颖的预测，这种准确性也可以弥补交流中缺失的部分，并提高可重复性。

模块化和简单化

对认知现象进行建模之所以令人着迷，是因为它可以从一个大的过程中只单独取出一小部分进行研究。某种程度上来讲，我们可以直接说认知过程是模块化的。根据该理论，我们可以将基底神经节（basal ganglia）看作一个具有独立功能的结构。模块化认知的理论有说服力吗？认知过程是简单地将相互独立的认知过程加在一起吗？如果我们定义了每个重要的认知模块，我们是否可以孤立地研究它们，并通过将它们“黏合”在一起来理解大脑？

> 你知道有一个研究涌现现象的心理学流派吗？他们强调整体不只是其各个组成部分的总和。你认为这个流派会如何看待心理学中的计算建模？

在复杂环境中开展的研究，通常需要将要素嵌入环境，才能达到预期的观察效果。一个很常见的例子就是雨滴和彩虹。雨滴对于形成彩虹至关重要，但是对彩虹的研究不能简化为对雨滴的研究。它甚至都不能简化为对全部雨滴研究的总和。即使一个人可能拥有一个复杂的水的模块化模型，并且可以把水转化为雨滴，这个过程仍然无法形成彩虹。如果把水滴模型和阳光模型结合起来，那么能够形成彩虹吗？我们是否还需要一个视觉观察设备（即一个人）？这种只有在大尺度的事物中存在并且可以交互的现象被称为涌现（emergent）。正如沙丘一样，这类现象无法仅根据其组成部分去理解。

探索思想内涵的模型

将连接主义用于心理学建模（第 11 章和第 13 章介绍了两种简单的神经网络）的创始人之一詹姆斯•麦克莱兰德（James McClelland, 2009），强调了自己的工作背后的两个主要目的，即他是在试图简化复杂的现象并探索思想的内涵。

思想内涵

能将模型作为一种推理途径的一个原因，是模型比行为实验更透明。计算模型的透明性是指它们会严格按照你所设计的方式执行（即使你有些时候并没有意识到你告诉了他们什么，模型也能运行，但这就是“逻辑错误”了）。

5

作为建模者，我们指定了规则和参与者。对于这一点我们没有疑义。这使得我们有机会来验证我们的想法是否有效。模型不必像生物学上那么真实，即不需要提供足够的证据证明模型的正确性。比如，我们断言面孔照片上的发光强度变化包含的信息足以进行人脸识别，那么即使我们的方法在生物学上并不可信，我们也能够建立一个可以运行的程序。我们的模型本身就是用来证明说法正确的证据。虽然它并不能说明人们实际上的确可以通过发光强度来识别人脸，但证明了这样做是可行的。请注意这个逻辑是单向的。尽管一个成功的程序能够表明发光强度信息足以进行人脸识别，但我们无法从失败的程序中得出类似的有力结论。我们只能断定该程序无法做到，而无法确定任何一个程序都无法做到。

但是通常来说，我们有着更高的期望：不仅仅是想简单清楚地描述我们的想法或仅是提供证明，我们想加深对有关现象的了解；我们希望自己能知道超出预期能力的事情。当我们建构计算模型时，我们希望能够进一步发问：“如果……会发生什么呢？”为了使我们的模型在计算上易于修改，并让我们仍然能够了解正在发生的事情，我们通常只使用简化的模型。这使我们再次回到上面所思考的问题。我们的简化模型是否太简单了呢？我们能否从较简单的系统中推断出更复杂的系统呢？如果我们只能利用具体的模型来研究模型的具体含义，但情况又是我们不得不简化，缩减或将模型模块化，那么我们真的能发挥计算建模的优势吗？一些批评指出计算建模对认知过程随意简化。然而与之相矛盾的是，简化过程会使得模型的透明度越来越低。

1.5 模型是否需要符合生物学?

“朋友，世间有一些事情，在你的知识体系中做梦也想不到。”

当我们回顾神经网络(第 11 章和第 13 章)时，我们会看到建模者经常从生物学中汲取灵感，但是模型在多大程度上符合生物学才能保证模型有用?反向传播是神经网络中使用的一种工具，这种纠错机制依赖于将错误信号从计算结束的部分传回神经网络中较早的节点。我们没有明显证据能证明我们大脑中的神经元具有反向传播纠错所必需的要素或方式。既然如此，我们可以从使用反向传播纠错算法的计算模型中得到什么结论呢?

一种回答是哲学上的。这种回答是说现在我们就假设我们对生物学机制的知识足以拒绝任何可能的解释还为时过早。仅仅因为我们现在不知道任何真实的神经元向后传播纠错的方法，并不代表我们不会在下周或下下周知道它。这种论证赋予了利用模型来进行探索和研究思想含义的新动力。如果某些东西在解决特定问题的计算模型中非常有用，那么也许我们应该更努力地寻找生物学中相对应的机制。

6

另一种回答是简单地回答“否”：模型不需要契合生物学。模型是抽象的。模型的目的不是将神经机制作为特征来了解认知。此外，建模的目标包括连贯性、具体性或充分性，而这些目标均不需要生物学上的合理性。在特定情况下哪种答案占优势，将取决于模型要解决的问题以及模型构建的目的。抽象建模不用契合生物学，所有心理学和神经科学模型也不用。

1.6 计算模型需要计算机吗?

计算模型不需要计算机。目前，我们的确倾向于将计算模型与计算机程序相关联，但这并不是绝对的，只是描述时经常联系在一起。这种想法的最好例证也许正是艾伦•图灵(Alan Turing)的想法：计算不是来自电子计算机，而是来自“人机”。

在“computer”表示机器之前，这个词语往往用于描述一个人。图灵考虑了数学计算过程中的各个阶段，以及用暂存器来记录中间结果的需求；正是从这些想法中，他了解了计算的局限性并最终发明了图灵机。人们断言机器可以与人对抗，而图灵将这种对抗的思想延伸发展出了一种测试，以评估机器何时能与人类相抗衡。

如果人类和机器的计算是等效的，就不必由机器来建立计算模型。但机器可能会更方便、更高效。

许多模型使用简单公式来表示，比起将其转换为程序，这种形式会让人理解更深，因为人类利用公式更容易分析因果关系。简单的概率模型（第 15 章列出了其中的一些）以公式的形式呈现会比以计算机程序的形式呈现更容易理解。模型被认为是为了强调某些特征而忽略其他特征的抽象产物，而呈现这种抽象产物的不同方法（公式、模型等）的实用性完全取决于模型的目的。路线图和拓扑图会强调模型的一些特征，但会忽略其他特征。两者都是有用的，但是呈现方法不同，而且两者都是打印出来比用计算机程序呈现（对人来说）更有帮助。

在数字计算机发明之前就已经有了早期的计算研究的结果，这是不必将计算模型等同于计算机程序的更进一步的证据。举个例子，信号检测理论是在心理学实验中经常使用的一种计算模型，该模型是在第二次世界大战期间开发的，用于描述雷达操作员试图区分雷达中检测到的是不是飞机时的错误率。20 世纪初期，拉皮克（Lapicque）提出了一个神经行为模型，这是一个计算机时代之前的数学模型。再比如，费克纳（Fechner）利用韦伯（Weber）的数据发展了心理物理学。他根据逻辑学和微积分设计了将身体和心理的测量数据对应起来的量表。虽然这些都是个例，但它们表明了计算模型不必是计算机程序。现代电子计算机使用起来非常便利，但对于某些类型的模型，表示为公式而不是计算机程序时，它的含义会更清晰。

7

但是，对于其他类型的模型，仅仅让人理解更深可能远远不够。手工进行的计算的确也能够计算出在数字计算机程序中所得到的结果，但是通常情况下这样做所要消耗的劳动强度和时间也让人望而却步。这正是心理学和神经科学的计算方法的改进与发展会与计算机计算能力的提升紧密相关的主要原因。

讨论：模型可以简化吗？

观看或阅读以下各项，然后讨论后面的问题。

- 亨利•马克汉姆（Henry Markham）有关“蓝脑”的TED演讲[3]
- 模拟猫的战斗[4]

通过将大脑模拟为要素之间的大集合，我们可以学到什么？这些要素有多简单？

1.7 如何评估模型?

前面的章节重点介绍了有关建模是否合理以及模型可以用于什么的问题，但是一旦决定使用计算模型，你将如何判断模型的质量？具体来说，以下这些是否能够正确评估模型（的质量）:

- 拟合优度
- 充分性
- 最优性
- 和人类表现一致吗?

客观地说，此时此刻可能还没必要讨论这个。正如我们说计算方法必须契合当前的生物学知识可能为时过早，现在就要求我们的模型能很好地拟合数据可能也为时过早。由于我们当前的认知有限，同时我们当前的计算机还不够强大，因此要求我们的模型和实际数据紧密契合可能太过严苛。仅是因为我们没有适当地验证它们的方法，我们就可能因为计算上的失败放弃某些好想法。但是，我们不能对于自己过于宽容，永远不能抛弃任意一个模型，而只用其他的，或者期待所有模型的性能总是高于平均水平。为了保留这些绝妙的想法，我们似乎应该期望模型能够实现其声称的功能就够了。如果要让我们在使用模型时保持谨慎，我们应该期望新模型在某种程度上比任何试图被替代的旧模型要更好。当然“更好”实际上是一个很难定义的词，需要我们把上述的所有选项都加以排列。这些标准对于评估模型就已经足够了吗？上面列表中未包括的一个概念是简洁，或者说优雅。认为一个在数万年的时间里拼凑出来，主要是为了应对眼前的环境挑战的认知机器仍会保持简洁或者优雅的想法合理吗?

8

1.8 模型需要假设吗?

像几乎所有此类问题一样，答案是“这不一定”。模型假设可能会与模型功能相互掺杂，同时模型属性也可能与建模过程中的需求相混淆。鉴于当前的大多数模型都比人类认知要简单得多，因此我们不应该去看模型无法做到什么，也不应该由此去推断模型构建者对人类潜在的认知是否提出了不切实际的主张。事实上，模型是根据某些特定角度或者带着某种特定主张去构建的。这些主张表明了模型运作过程中应有的属性，同时根据这些主张才有了能够做特定事情的模型。这样的模型可以用来判断哪些特性对于哪些功能是必需的，但是它们不能用来表明这种推断同样为人类认知的机理提供了证据。特定的属性带来了特定的影响。有些属性可以作为检验关于人类认知过程的假设，而指出那些属性正是模型的作用。

1.9　附加问题

前面的内容旨在介绍心理学和神经科学中一些有争议且尚未解决的问题，这些问题和计算建模的目的和性质有关。同时前面的内容也指出了一些尚存的难题，这些模型向我们展示了什么，以及我们如何评估模型是否成功。在使用模型之前，你最好自己先对这些问题有所判断，尤其是在评估建模是否成功方面。你可以通过最后的这些问题来拓宽自己的思路：

1. 神经网络模型比其他类型的心理模型好，是因为它是受生物学要素启发而构建吗？
2. 神经网络模型与if-then语句系统相比，它的优缺点是什么？
3. 为什么你能最终认为从计算模型的使用中学习人类心理是合理的？
4. 当前的计算模型是由于新知识流行起来的吗？或者，它只是借计算机的发展行了个方便？
5. 如果行为是大脑的产物，而我们对大脑的了解还很不完善，那么目前建立计算模型研究神经或心理学现象的目的是什么？

1.10　路线图

本章通过引导我们每个人审视我们认为的计算建模的优缺点，来让我们思考它在心理学和神经科学中应该扮演什么角色。本书的其余部分专门依次选择了一些数学主题以及如何使用模型的范例。每个章节的架构是相似的。首先，我们思考一个数学主题。为了开始的时候简单一些，尽管我们确实尝试通过提及一些我们前进的方向来提供一些动力，但数学仍是和心理学或神经科学相差很大的学科，这可能会显得开篇有点乏味，然而它可以避免我们分心，并且使我们可以专注于术语和符号。本书的前几章作为一些令人印象深刻的模拟的基础，着重强调了对数学主题的基本了解，以及在计算机上实现示例程序的需求，随后的章节则将数学思想应用于神经科学或心理学模型。

第一部分

神经建模

第2章 什么是微分方程?

学习目标

在阅读完本章后，你可以：

- 描述一个使用微分方程的计算神经科学领域；
- 了解微分方程的定义；
- 了解斜率和导数之间的关系；
- 使用微分方程和数值积分在电子表格中模拟简单的物理过程。

2.1 概述

我们要从微分方程（Differential Equations，也称为DE）说起。微分方程在诸多神经和心理模型中都具有广泛的应用，同时它也是神经建模最古老的方法之一，同样也是仍在发展的方法之一。微分方程通常应用于认知的动力系统方法（dynamical systems approach）。

我们从微分方程入手，是想消除大家心中“数学实在是太难了”这种根深蒂固的印象。从微分方程入手的话，我们可以看到它们并没有那么难，而且从实践上来讲，我们不需要像数学专业人员那样解决微分方程中很多具有挑战性的部分。数学专业人员需要按照严格的逻辑计算得到微分方程的解析解，但我们可以通过模拟避免这部分工作。

本章的目标是通过回顾微分方程在计算神经科学中的一些应用来了解微分方程。本书希望通过这一部分来介绍微分方程的术语以及它们背后的一些观点，并且通过对一些简单的微分方程的研究，利用微分方程将单神经元建模为累积放电要素以及霍奇金—赫胥黎神经元（Hodgkin-Huxley neuron）。在此过程中，我们会介绍编程中循环的概念，并在电子表格中实现它。最后，我们将探索如何将神经元视为简单回路进行计算。

14

2.2　单神经元模型

最成功的计算模型之一是用于动作电位的霍奇金—赫胥黎模型（Hodgkin and Huxley model）。霍奇金和赫胥黎通过精心收集的实验数据建立了一个计算模型，该模型可以用于蛋白质和离子通道水平的研究。霍奇金—赫胥黎模型可以看作计算神经科学领域的起源。到第 7 章结束时，你将能够生成类似于图 2.1 的图像。

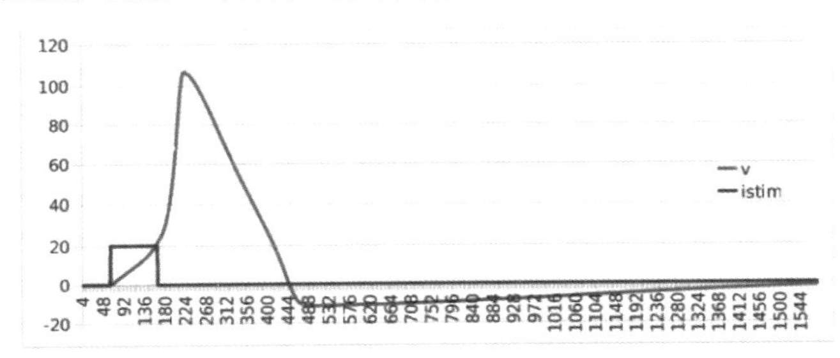

图2.1　用电子表格软件生成的模拟神经元动作电位图。在20世纪50年代，这样的图像数据需要利用计算器通过几个星期才能完成。它背后的模型获得了1963年诺贝尔奖。第7章结束后你同样也可以实现它

2.3　微分方程：霍奇金—赫胥黎模型中的数学方法

微分方程是计算神经科学的核心数学工具。毕竟在计算机时代之前，仍然需要一种易于计算的解法。不过在目前大多数情况下，我们不用局限于必须得到微分方程的解析解，因为我们可以借助计算机在数值上得到近似的答案。

解析解和数值解有什么区别？解析解是需要通过符号公式计算获得的，但数值解是通过插值得到的。

如果要求求解$x^2 = 4$，那么可以通过取两侧的平方根得到$x = \pm\sqrt{4}$。这是一个解析解，通过利用符号来得到目标变量x的值。但实际上我们可能并不需要如此精确，一个近似值就够了。

你还可以使用牛顿法（Newton’s method）和计算机来得到数值解。对于牛顿法，

你可以首先猜一个答案，比如$x = 3$，然后根据得到的结果不断修正。

牛顿法

牛顿法利用导数来修正我们的猜测。对于方程$x^2 = 4$来说，我们想找到使得$f(x) = x^2 - 4 = 0$的x的值。这称为求根或求零。此方程的导数为$f'(x) = 2x$。导数描述了过曲线上一点的切线的斜率。我们知道一条直线的斜率是描述倾斜程度的。利用这种关系，我们说$f'(x)$是当x变化一个单位时y的变化量或$f'(x) = \frac{f(x_0) - 0}{x_0 - x_1}$，其中$x_1$是新的、经过修正的猜测。我们根据代数知识可以将$x_1$挪到左边，该方程可以转化为：$x_1 = x_0 - \frac{f(x_0)}{f'(x_0)}$。

15

练习：利用电子表格根据牛顿法编程查找平方根

打开电子表格，然后分别为x，y，$f(x)$和$f'(x)$创建一列。我们将使用x记录我们的第一个猜测，y是我们想要找到的平方根，$f(x)$是我们的方程式，$f'(x)$是我们的导数。

首先在单元格A2中输入我们猜测的第一个数值，比如3，然后在B2中输入4，在C2和D2中输入$f(x)$和$f'(x)$的方程式。然后用方程$x_1 = x_0 - \frac{f(x_0)}{f'(x_0)}$得到A3中新的猜测值。接下来，你可以向下复制其余的列，并且应该会看到类似于图2.2中的数字。图中当前显示的是单元格A3的方程。你可以利用此电子表格通过更改单元格B2中y的值，来计算任何数的平方根。

A3 =A2 - C2/D2

	A	B	C	D	E
1	x	y	f(x)	f'(x)	
2	3	4	5	6	
3	2.16666667		0.69444444	4.33333333	
4	2.00641026		0.02568212	4.01282051	
5	2.00001024		4.096E-005	4.00002048	
6	2		1.049E-010	4	
7	2		0	4	
8					

图2.2 电子表格软件中程序计算的平方根数值（不是解析）

为了通过另一种方式处理问题，假设要求画出$x^2+y^2=1$的图形。这是一个圆的方程，但是如果你尝试绘制它，可能会生成一系列点，并选择一些x的值来计算y的值。这就是数值近似背后的意义。数值解并不具有解析解能提供的绝对准确性，但对于当前心理学和神经科学中的计算方法而言已经足够了。

计算机技术飞速发展的好处之一，就是目前的笔记本电脑和台式机已经有足够的计算能力来模拟微分方程。我们不再需要了解具体解微分方程的数学知识，只需要了解基本知识就足够了。由于现在我们可以使用“蛮力”解决问题，因此我们可以解决更多的问题。

16

上文中牛顿法需要用到的导数就是一种微分方程。另一种使用导数来解决数值求解问题的例子是数值积分。这同样也是我们可以在电子表格中轻松完成的内容。目前你可能尚不清楚“求解”微分方程到底意味着什么，但是不要烦躁，保持耐心。一次学完所有内容是不可能的。一次就了解大多数数学思想也是不可能的。通过例子你可以把概念理解得更透彻。大多数数学家都会告诉你，他们会通过解决问题并且重新阅读和重新研究他们想学习的内容，来学习新领域或新方法。我们很多时候也需要这样做。

牛顿法：牛顿的名字被用于多种方法。上面介绍的是牛顿求等式根的方法。牛顿的优化方法［也称为牛顿一拉弗森方法（Newton-Raphson method）］与此类似。它是通过寻找导数为零的点而不是找方程等于零的点来得到解。导数代表函数变化率，那么导数为零的点意味着在该点y没有变化，这是一个驻点。

为了继续探索微分方程，我们将回顾一些术语和一些数学技巧。

2.4　微分方程中的微分

什么是微分方程？

$$\frac{\mathrm{d}y}{\mathrm{d}x}=C \qquad (2.1)$$

微分方程指任何在表达式中带有导数的方程式。你可能还记得，导数需要利用$\mathrm{d}x$或$\mathrm{d}y$计算。这种计算旨在表示x和y的微分。这就是“导数”和“微分”之间的联系。 我们的方程式 2.1 实际上是一个微分方程。 要“求解”微分方程，需要我们找到另一个等式使我们的微分方程成立。换句话说，如果我们的微分方程涉及$\frac{\mathrm{d}y}{\mathrm{d}x}$，我们需要找到一个等式$y=\cdots$，这样当我们计

“C”是什么意思？“C”通常是数学家用来表示常数而不是变量的符号。你可能会以为常数就是不变的数，但是对于数学家来说，这只是意味着和研究兴趣无关的量。你可能会看到方程式中符号“C”用于几个不同的数值。这种变化被忽略了，因为它“只是一个常数”。不要为此而停滞，你可能很快也会习惯这样做。

算导数时，将得到$\frac{dy}{dx}=\cdots$。

练习：微分方程的解是否唯一？

你可以找到上述方程式 2.1 的解吗？它是唯一解吗？[1]

17

导数

微分方程包含导数，但准确来讲，什么是导数呢？当你想知道任何不熟悉的数学概念时，最好的办法就是回到定义。由于消除了许多不必要的细节，因此定义通常比大多数应用数学的场景更简单明了。此外，我们看到的更复杂的表达式通常都是从更简单、更易于理解的表达式开始。导数的定义如下：

$$\frac{df(x)}{dx}=\lim_{\Delta x\to 0}\frac{f(x+\Delta x)-f(x)}{\Delta x} \tag{2.2}$$

我们稍作解释来帮助你理解这个定义。请注意，像dx这样的表达式中，d有特殊的含义，你可以设置$y=f(x)$，那么两个y值之差就是y_2-y_1，而d$x\approx x_2-x_1$。现在，将这两个比例相比，你就可以得到高中数学所讲的斜率概念。导数就是更加花哨的斜率。斜率的概念可以从直线延伸到一条曲线。在一条曲线中，斜率可能会沿着曲线的不同位置而有所不同。如果知道斜率是多少，就能知道导数是什么。更具体地来说，选择一条线上的任意两个点，分别称为P_1和P_2，每个点都有一个x和y坐标，那么直线的斜率如图 2.3 所示。

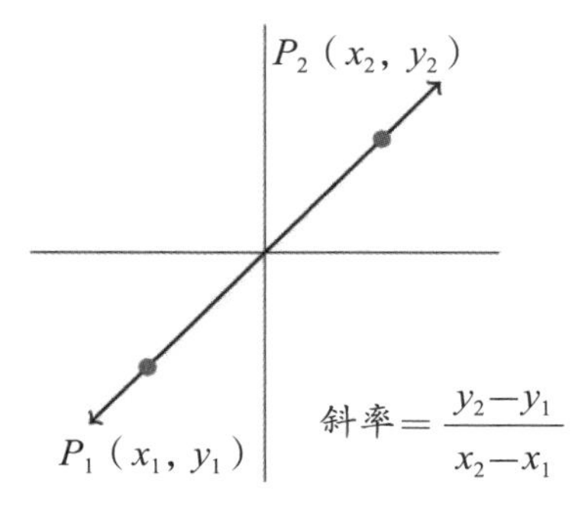

图2.3 导数即切线瞬时斜率。对于直线来说，这就是倾斜程度的表达式。对于曲线我们就得注意了

将我们对直线斜率的理解应用于曲线，也就是说，我们可以想象点P_1和P_2逐渐

靠近在一起。当它们“足够接近”时，它们之间的差就是一个无穷小[2]，并且斜率从一个点到另一个点的变化不大，不足以让我们担心。此时，我们可以断言我们有瞬时斜率，即沿曲线某点处的切线的斜率。图 2.4 就是对这个过程的直观刻画。

微分方程术语

什么是线性微分方程? 因变量及其所有自变量不存在交叉项，且各项指数不大于 1。

什么是常微分方程? 方程解只含有一个自变量。

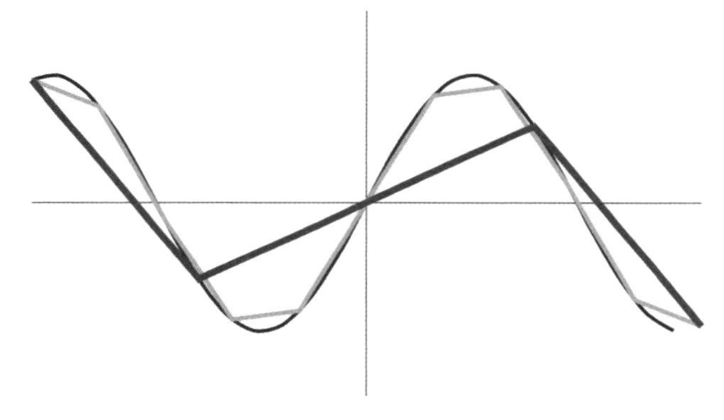

图2.4　导数就是切线瞬时斜率。我们希望能够计算出黑色曲线在任意点的切线斜率，但是随着点沿曲线移动，曲线的切线斜率会发生变化。因此直观地讲，我们通过一系列直线近似曲线来计算导数。每条直线都有一个可以计算的斜率。当点互相靠近时，线段和曲线之间的差异会逐渐减小。线段的斜率也会更加接近曲线的斜率。当我们的线段变得无限小时，每条在该点的切线小线段的斜率近似于该点的曲线斜率，这样每条小线段可以得到一个点的斜率，即导数

18

什么是偏微分方程? 不是常微分方程的方程，方程解有多个自变量。

什么是齐次微分方程? 这个有点麻烦，因为有许多个定义，但这一般是指方程解中既有自变量也有因变量。

请注意：在不同的数学领域中，许多数学术语的含义略有不同，因此请谨慎使用。例如，“同质”是一个经常使用的词，但其含义可能会根据上下文而变化。

求解微分方程的更多知识

微分方程的解是使得方程成立的函数。想一下下面这个导数等于某个函数的微

分方程：$\frac{dy}{dx}=f(x)$。[3] 这个方程的导数在左侧，右侧告诉了我们导数等于什么，但实际上这并不是我们想要的。我们想得到一个没有导数的解，如果我们对其求导，就会得到我们刚才看到的公式。这就像一个谜之谋杀案。客厅中有一具尸体，但我们试图从客厅中没有尸体开始解谜，在推断中，了解这具尸体的来龙去脉。

此外，该等式也可以写成$\frac{dy(x)}{dx}=f(x)$。当x变化时y的值也会变化，因此y

19

是x的函数。但是当你阅读一些数学书时，作者通常会通过排除读者可以理解的部分，来突出重要的部分。在这种情况下，大家都明白y是x的函数，所以我们简化了符号。这种方法的问题是，我们必须假设什么是“理解”，而这在作者和读者看来可能有很大的不同。如果我们对你的函数知识假设得太多了，你可以看一下第 24 页的另一个非正式描述（“加速度”）。

在查看方程时，意识到很多缩写不是专有特殊的，而是约定俗成的，会对你有所帮助。函数不是一定要用字母f缩写。它们往往也可以是g或h。在函数中使用f，g和h只是约定俗成的，这些并不是什么特殊字母。

> 这可能是本章中最困难的部分。你感觉这部分很困难是正常的。对数学的理解通常需要不断地重复、练习，花费较多的时间得专家和业余爱好者都一样。如果你觉得有些内容你不了解，不必放弃。接着往下看，并相信一切都会明了的。当你看到如何使用它们时，返回来再重新阅读让你困惑的部分。数学家和我们普通人之间有区别的地方之一，就是数学家希望自己不了解。他们会忽略掉它并继续向前。

解微分方程最简单的一个方法就是积分。这种方法太简单了，以至于大多数数学书在讨论微分方程时都没有涵盖这部分内容，但它仍然是基础。其他书中关于如何解微分方程的问题通常仅限于直接积分无法解决的问题。我们如何解答这些问题？真实情况可能会让你感到惊讶，实际上数学家经常靠猜测解决。目前没有用于求解这些微分方程的普适方法。尝试哪种方法取决于人的经验、专业知识和直觉。通过实践，数学家开始认识到特定类型的方程，并根据特定类型来猜出解，最后他们将微分和要解决的表达式相比较来证明解是正确的。

我们通常也需要猜出需要解的微分方程的一般形式解。在生物学、神经科学和心理学中，几乎所有需要解的微分方程都是有特定形式的解的。通过练习，你也会慢慢了解它。

另一个微分方程

$$\frac{dy(x)}{dx}=x$$

这个微分方程和方程式 2.1 很类似，但是没有右边的C项，而是变量x。这种微分方程是可以通过直接积分解决的。当所有自变量都在右边，只有微分部分在左边时，通常可以通过积分来求解微分方程（如果可积的话）。但是可以通过积分来解决并不代表就会很简单，积分也可能非常棘手，但需要积分的解通常不是我们需要的类型。

上面方程的其中一个解是

$$y(x)=\frac{1}{2}x^2+C$$

放射性衰变

20

如果你周围有铀棒的话，你会发现它会逐渐衰变（同时你也会患有癌症）。我们知道，消失的铀质量与开始时总共有的铀质量有关。这是根据实验观察得来的。我们感兴趣的许多微分方程并非来自数学环境，而是来自经验观察。

对于放射性物质，衰减率方程为：$\Delta N=-kN\Delta t$*。[3] 请寻找诸如“比率”和“变化”之类的词。这些文字通常就表明可以使用微分方程。在这里，我们讨论的是极短的时间变化中粒子数量的差异。Δ通常用来表示变化，与我们之前使用的d相似。这个方程用一句话来说就是，粒子数N的变化量等于拥有的粒子数乘以等待的时间，再乘以符号k所代表的其他数字。其他数字是常数，不会改变，因此我们不需要研究它们。

在心理学和神经科学应用中，我们通常不需要解微分方程。我们通常只是使用微分方程来近似描述我们感兴趣的行为，比如做出决定之前的神经元电压的变化率或记忆轨迹的强度随时间变化的程度。但是尽管我们可能永远不需要解微分方程，但了解微分方程意味着什么，以及如何完成它还是很有用的。知道这一点，将使我们以后使用微分方程更加容易。

以下是解决放射性衰变的微分方程的一些步骤：

$$\Delta N=-kN\Delta t$$

$$\frac{\Delta N}{N}=-k\Delta t$$

$$\int\frac{\Delta N}{N}=\int -k\Delta t$$

---

* 请注意，我们在这里使用了不同的符号来表示微分。尽管可能让人困惑，但是不同的人会有不同的形式。我们会努力展示其中的几个，以便你以后不会感到困惑。

如果我们对等式两边同时进行同一运算，等式仍成立。

$$\ln N + C_1 = -kt + C_2$$

当 $C_3 = C_2 - C_1$ 时，

$$N = e^{(-kt + C_3)},$$

$$= e^{-kt}e^{C_3}$$

$$= e^{-kt}e^{\ln C_4} = C_4 e^{-kt},$$

其中 $C_4 = e^{C_3}$。

> 请描述常量如何变化。注意，在我们用 C 的所有地方，数学家仅简单地使用字母 C 来表示是很常见的。这有影响吗？

你在生物学和心理学应用中见到的几乎所有的解都需要指数运算[通常用e表示，有时用exp( )表示]。无论你是在讨论生物学中的捕食或者被捕食，出生率还是化学反应，你会发现指数方程常常可以给你提供所需的解。此外，对于何时可以通过何种指数表达式求解微分方程也有很明显的线索。如果左侧的因变量也出现在了右侧，即某事物的变化率与自身成正比，那么解通常会和指数相关。例如，人越多，人口的增长率也会更大，人口就呈指数增长。

21

为了让你了解一些指数函数以及它们的性质，本章以一个涉及实例的练习作为结尾。如果我们能够处理我们熟悉的具体实例，通常能够更容易理解方程的形式性质。在思考神经元之前，我们可以先想想硬币。

练习：本金和利息

1. 打开电子表格，为指数函数生成数据并作图。

- 在列A中生成从0到3，公差为0.1的等差数列。
- 在单元格B1中，输入公式以计算单元格A1中的数据的指数。
- 在列B中向下复制该公式。
- 根据列A和列B绘图。

2. 对一个赚取利息的银行账户重复一次，其中，下一个时间点的钱数＝现在的钱数+单位时间的利率×时间×所拥有的钱数。

3. 图中你赚取利息的指数账户的斜率有什么变化?

4. 写下本金变化率(银行账户中的金额)的等式，看看是否可以找到它和曲线有相似之处的原因。

2.5　总结

本章的目的是介绍微分方程及其解的概念以及术语。在心理学和神经科学中，微分方程通常用来描述某事物随时间变化的速率。例如，当产生电流时，神经元的电压将如何变化。为了增加经验，更加了解微分方程，下一章将使用一些简单的数值示例以及实体的弹簧来介绍计算机仿真技术。在随后的章节中，我们将运用学到的技术来模拟脉冲神经元（spiking neuron）的模型。

第3章 微分方程的数值应用

学习目标

在阅读完本章后，你可以：

- 了解如何使用电子表格软件建立无摩擦振荡器的模型；
- 使用数值积分的欧拉法（Euler's method）进行仿真；
- 正式了解什么是函数。

3.1 概述

在上一章中，我们讨论了什么是微分方程以及解微分方程的意义。为了在我们的神经元模型或记忆模型中使用微分方程，我们必须了解如何使用它们进行模拟研究。对我们而言，微分方程将主要用于表达变量之间的关系，从而使计算机模拟系统随时间而变化。神经元和认知模型自身非常复杂，因此我们决定将本章的重点放在一个更具体且简单的示例——弹簧上。一旦了解如何使用微分方程来模拟简单系统的相关基础知识，我们就可以实现第 5 章中神经元的累积放电模型（integrate and fire model）以及第 7 章中的霍奇金—赫胥黎模型。编程就像数学一样令人生畏，因此我们将在我们更喜欢的电子表格中进行所有的工作。

3.2 首先，我们假设一个真空中的球形鸡

模型通常是目标现象的极大简化版本，简化到什么程度是第 1 章介绍的棘手的问题之一。我们将使用一个往复滑动的弹簧作为数值模拟的示例。真正的弹簧很复

24

杂，因为会有物体的表面摩擦和空气阻力。处理这些变量会使事情变得不必要的复杂，因此我们将弹簧抽象为理想和简化的谐波系统进行建模。

谐波意味着同步。谐波运动是“同步”的运动：它像钟摆一样来回摆动，可能会一直摆动。有配重物体的理想弹簧也会表现出谐波运动。配重物体在无摩擦的平面上来回滑动，弹簧则不断压缩和拉伸。

虽然从简单的抽象系统开始建模是很常见的，但我们必须始终记住，所有内容都应尽可能简化，而不是简单。

我们的模型会不会太简单？我们只有在实践后才能确定。如果我们无法获得与经验观察结果相符的行为，我们将不得不增加模型的复杂性，但是在此之前，我们将毫不犹豫地将其完全简化。模型简化会减轻我们的工作量，并使我们的模型易于理解。很多理论物理学家会拿这种将问题简化的倾向来开玩笑。比如，一个家禽养殖者走近他的邻居——一个正在度假的物理学家，希望物理学家来帮助他找出最有效的母鸡饲养方法。“这很麻烦，”物理学家回答，“首先，我们假设存在一只真空中的球形鸡……”

尝试选择简单而有意义的变量名。

建模的第一步

在编写任何方程式或任何计算机代码之前，我们应对研究问题的基本表现形式开始建模。通常，简单的线条可以帮助阐明模型需要包括的核心特征。对于有配重物体的弹簧模型，我们需要描述弹簧和配重物体两部分，并且可以看到我们将如何通过变量（variables）来描述弹簧移动的距离（见图 3.1）。

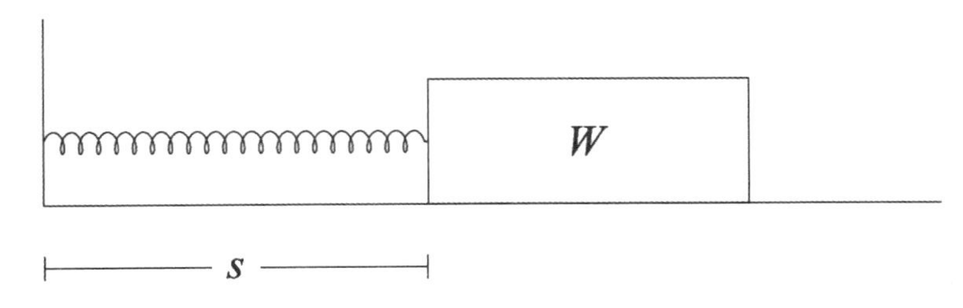

图3.1　这是我们第一个模型的描述。我们在弹簧上附加了重物。尽管尚不清楚是否需要具体表述重物的重量，但我们已将重量标记为W。在真正无摩擦的表面上，重量无关紧要，也许我们可以将弹簧的特性和重量一起对待？这样做是为了使事情尽可能简单，并且仅在当我们发现需要利用它们来准确得到感兴趣的部分时再添加具体细节。拉开弹簧之后，我们就放开了它。重物的位置由我们选择的变量s表示，因为它使我们想起了空间。放开弹簧后，弹簧将移动，因此s的值将更改。这使得s变为变量，并且s的值将取决于（如在因变量中一样）我们松开弹簧多久。这意味着s的值是关于时间（t）的函数，我们将用s（t）来表明这一点

很少有模型仅考虑理论，我们还需要参考我们的现实经验。当涉及弹簧时，我们需要利用一个重要的经验事实：弹簧上重物的加速度与常数（P）和当前的位置有关。虽然为什么会这样也很重要，但和我们当前建模的目标无关，我们可以先不讨论它。考虑到我们知道弹簧开始运动的时间以及它的初始位置，我们需要找到一个公式来告诉我们给定时间的弹簧位置。

同样，我们从实验中得出的事实是：$a(t)=-Ps(t)$。我们如何才能从中得到可以编写程序的东西，并分离出我们感兴趣的变量，即$s(t)$？一些合理的猜测和一些实践经验通常会大有帮助。我们给定的方程式已经有了我们想要的项$s(t)$，我们只需要消除讨厌的代表加速度的$a(t)$。

练习：描述我们的模型

- 用文字来定义空间（或距离）和时间的速度。
- 用文字定义速度和时间的加速度。
- 根据你的前两个答案以文字形式给出加速度的定义并描述加速度与时间、空间之间的关系。

25

我们需要用符号替代文字所描述的内容。有时候这种表述方式会更加清晰。由于经常会在讨论汽车时出现“速度”和“加速度”两个术语，因此我们以汽车为例进行说明。当我们说汽车正在加速时，是指汽车速度随着时间的流逝而变得越来越快，也就是说，其速度随时间而变化。用符号表示就是

$$\text{加速度}a\approx\frac{v(t_1)-v(t_0)}{t_1-t_0}\approx\frac{\mathrm{d}v}{\mathrm{d}t}$$

我们测量两次速度并计算差值。我们将此差值除以两个时间点的差值。由此我们可以计算出比率，可以看出它具有斜率的形式，并且如果我们想象两个时间点越来越近，它看起来就像我们之前所讲的导数（方程式 2.2）。

如果我们继续用这种方式求速度，我们需要利用两个时间点之间的位置变化来解答：

$$\text{速度}v\approx\frac{s(t_1)-s(t_0)}{t_1-t_0}\approx\frac{\mathrm{d}s}{\mathrm{d}t}$$

同样，该公式看起来也像是导数。如果像上面那样将它们链接在一起，我们可以看到：

$$加速度a=\frac{d^2s}{dt^2}$$

上述等式中上标 2 表示我们进行了两次导数运算，而且的确如此。我们对它求导一次获得速度，再求导一次获得加速度。现在我们已经对问题的术语有了一定的了解，我们可以思考这个问题意味着什么。我们所面对的问题在教科书中不会清楚地说明。回答问题通常比弄清楚问题容易得多。

26

回想一下我们正在建构的物理模型。我们已经在弹簧上系上了重物并拉伸弹簧。在某个时候，我们释放了弹簧，重物来回滑动。我们想知道在我们选择的任何时间点上重物的位置（已知弹簧的长度）。我们想要一个关于$s(t)$的方程。然后，我们可以代入我们选择的t的任何值，得到一个位置的数值。我们从已知方程$a(t)=-Ps(t)$开始。

在不能确定它将给我们带来什么的情况下，让我们用涉及$s(t)$的方程式代替加速度。然后我们将只用在方程式中想得到的项。即使你不知道它有何帮助，尝试简化方程式直到仅包含有意义的项通常也是有价值的策略。从而，

$$\frac{d^2s}{dt^2}=-Ps(t)$$

解该方程式意味着找到关于$s(t)$的等式，当我们对它两次求积分时，我们将准确地得到开始时看到的那个公式（P表示常数，常数不是只能用C表示）。

我们之所以喜欢这个模型的一个原因是，这是我们日常可以实际接触的具体事物，而且我们可以得到这个问题的解析解。这使我们可以将模拟的准确性与事实进行比较。对于我们的神经元模型，得到解析解并不总是可行的。

> 如果你仔细观察这个方程式并记住之前的一些内容，你应该能够猜出答案的形式。记住，微分方程通常是通过有根据的猜测解决的。

3.3　数值模拟

无论我们是否知道如何“解出”该微分方程，我们仍然可以利用它来模拟$s(t)$的解。在本节中，我们将使用电子表格程序求解。我们的基本方法是穷举我们所知道的变量关系。想象一下，你以 50 千米/时的速度行驶。如果我们问你 5 分钟后会在哪里，你可以通过了解当前位置和速度来弄清楚这一点，速度可以告诉你随时间的变化的位置。由于你的汽车并非以完全恒定的速度行驶，因此会存在一些误差，但你的估计可以接近真实值。如果我们将时间缩短一点，例如 1 分钟，你会更加准确，

因为错误积累的机会会减少。

我们可以对弹簧进行同样的处理，因为我们有一个方程式可以告诉我们位置如何随时间变化。为了进行准确的模拟，每一步都会很微小。在每一步中，我们将更新关于位置随时间变化的方程的表达式。这将为我们提供一个新的位置，然后我们将在这个新的一小步中无限地重复相同的操作。为了在计算机上一遍又一遍地编程重复动作，我们使用循环。所有编程语言中都存在某种形式的循环（更多详细信息请参见边码 33）。它们通常被称为for循环，因为它们用关键词“for”编写，指示计算机执行重复操作多长时间。命令的确切格式因语言而异，稍后我们将看到示例。对于电子表格模拟，我们将使用不同的行来模拟我们的每一步过程。

27

如果我们忽略方程式 2.2 中的极限符号，并用一点代数知识重新书写方程式，则方程式会如下所示：

$$f(x+\Delta x)=f(x)+\frac{\mathrm{d}f(x)}{\mathrm{d}x}\Delta x \tag{3.1}$$

在我们的弹簧振子问题中，$s(t)$替代了$f(x)$。请注意，虽然字母是不同的，但是格式是相同的，其中某些字母在括号中的另一个字母之前，代表这是一个“函数”。这是一个很重要的形式。函数就像数学绞肉机，将牛排放在最上面，就会得到汉堡肉饼。它处理输入的数，然后输出新的结果。括号象征着处理器的输入槽（这里输入x），并且前面字母（例如f）就是我们拥有的机器的类型。我们可能会剁碎肉，也可能会磨碎肉。在不同的情况下，我们输入一个值，经过处理会得到不同的输出结果。这就是为什么你可以在更高的层面上忽略它是x，s，t还是f，因为方程的形式是相似的。

> 如果目前尚不清楚如何从我们的原始格式中获得该方程式，可以放下疑惑先逐步完成这些步骤。

在下面的练习中，你将使用电子表格编写无摩擦弹簧轨迹的简单数值模拟，并使用方程式来确定位置随时间的变化方式，来重复更新模型。一步步来就好，如果你遇到困难，请与朋友或老师商量，并保持耐心和毅力。

练习：新值＝旧值＋价值变化×时间

1. 在你选择的电子表格程序中创建以下列：P，t，delta_t，s，a，v，delta_v，delta_s。

2. 为P选择一些小的正数，然后将其输入到电子表格的“P”下，你可以先试试1.0。记住，我们想从最简单的开始。稍后，我们将探讨模型如何针对P的不同值发生变化。

3. 选择一个较小的时间步长，例如0.05，并将其置于“delta_t”下。现在复制它，以使时间列（t）逐行增大（见图3.2）。

4. 初始化变量：每次运算都需从某个地方开始。同样，数值模拟也是如此。你需要输入第一个位置的起始值（我们选择了1）、速度（应该是0——想想为什么）和时间。

5. 第一个挑战：在标题下方的单元格中（且仅在此单元格中）输入加速度、速度变化和空间（或位置）变化的公式。为此，你将不得不使用电子表格的编程语言。我们想用加速度得到我们知道的当前位置、常数、加速度之间的关系，因此我们可以在单元格E2中这样写：= -1*A2*D2。“$”符号表示如果我们复制此公式，这些行和列的引用将不会更改。你需要输入delta_v和delta_s的公式。请记住，速度的变化是加速度和经过多少时间的函数。计算我们位置的速度和时间也是如此。

6. 要观察我们的弹簧，我们需要迭代或循环进行模型仿真。这意味着我们希望新值成为旧值的函数。例如，我们在第3行中的新速度将等于我们的旧速度加上变化（参见方程式2.2）。

7. 完成几百行后（一旦设置好电子表格，你就应该能够拖动并复制电子表格的整行），你就可以生成位置与时间的关系图。你观察到了什么？

挑战问题

- 将P设为负数会怎样？这是为什么？ P是什么意思？
- 如果修改你的时间步长会怎样？
- 修改模型以考虑阻尼振荡器（详细信息请参见注释）[1]。

	A	B	C	D	E	F	G	H
1	P	t	delta_t	s	a	v	delta_v	delta_s
2	20	0	0.05	1	-20	0	-1	0
3		0.05	0.05	0.95	-19	-1	-0.95	-0.05
4		0.1	0.05	0.8525	-17.05	-1.95	-0.8525	-0.0975
5		0.15	0.05	0.712375	-14.2475	-2.8025	-0.712375	-0.140125
6		0.2	0.05	0.53663125	-10.732625	-3.514875	-0.53663125	-0.17574375
7		0.25	0.05	0.33405594	-6.68111875	-4.05150625	-0.33405594	-0.20257531
8		0.3	0.05	0.11477783	-2.29555656	-4.38556219	-0.11477783	-0.21927811
9		0.35	0.05	-0.11023917	2.20478345	-4.50034002	0.11023917	-0.225017
10		0.4	0.05	-0.32974421	6.5948843	-4.39010084	0.32974421	-0.21950504
11		0.45	0.05	-0.53276205	10.6552409	-4.06035663	0.53276205	-0.20301783
12		0.5	0.05	-0.70914178	14.1828355	-3.52759458	0.70914178	-0.17637973

图3.2　弹簧振子练习的电子表格截图

28

3.4 数值积分和微分方程：欧拉方法

我们用来模拟弹簧的数值方法是最简单、最直接的方法之一。基本逻辑非常简单：我们计算出感兴趣的值变化了多少，然后将该数量乘以经过的时间，和旧值相加得到新值。继而新值变成旧值，然后我们继续重复此过程。这个想法从何而来呢？根据导数的定义，就是，

$$\frac{\mathrm{d}f(x)}{\mathrm{d}x}=\lim_{\Delta x\to 0}\frac{f(x+\Delta x)-f(x)}{(x+\Delta x)-x}$$

$$\frac{\mathrm{d}f(x)}{\mathrm{d}x}\approx\frac{f(x+\Delta x)-f(x)}{\Delta x}$$

29

$$f'(x)\approx\frac{f(x+\Delta x)-f(x)}{\Delta x}$$

$$f'(x)\Delta x+f(x)\approx f(x+\Delta x)$$

第一个方程式是导数的定义，其中分母被改写以强调其“上升运行”（rise over run）特征。第二行清楚表明，我们现在通过使用x值的微小变化作为近似导数。在第三行中，我们使用了诸多符号中的另一个常用符号，字母上的点来表示导数函数。当自变量是时间时，物理学家经常使用“•”符号。最后一行通过代数知识来重新书写等式。这次，导数用“ ′ ”来表示。这种表示方法对于表达多个导数很方便，只需要继续添加“ ′ ”即可。

最重要的是，我们需要知道这些都是同一件事的不同表达方式。就像我们在神经科学和心理学领域一样，不同领域中似乎都在发展自己的数学术语。我们面临的部分挑战就是如何学会认识这些不同但等效的写作方式。另一种导数的书写方法是使用奥利弗•海维赛德（Oliver Heaviside）*的运算符来表示：$\frac{\mathrm{d}^2s}{\mathrm{d}t^2}=\mathrm{DD}s=\mathrm{D}^2s$。D$s$被认为是函数中进行操作的运算符（像外科医生一样）。它们有点像将其他函数作为输入的函数。如果你仔细看最后一个方程，你会发现代表时间的t消失了。实际上它仍然在那里，只是没有写出来。在多次写了$s(t)$之后，我们认为s是t的函数是“显而易见的”，因此我们将其从方程式中删掉了。你会发现这些假设通常是在使用方程式的、已发表的文章中得出的。

导数的所有这些形式对数学家来说并不是没有意义的，但就我们的目的而言，

* 一位聪明又奇异的数学创新者，把指甲涂成了粉红色，隐居在一个布满花岗岩家具的房子里。

区别它们并不是必需的。我们可以使用其中任何一个最方便、最清楚的方式。我们可能更希望每个人都以相同的方式写导数（世界和平也是一样），但事实并非如此。我们只需要学会识别它们并与之共存。

推导的最后一行说明了当位置更新时我们所需要的关系。函数的旧值[$f(x)$]加上一个单位x（导数）的$f(x)$变化率乘以x的变化量就可以为我们提供$f(x)$的新值，此时x只是一个很小的量。

这种用旧值估计新值的方法很简单，但容易出错。不过对于我们将要使用的函数，如果选择一个小的步长，它差不多足够好了。这对我们来说已经足够好，是因为我们要模拟的函数在变化上是相对渐进的。一般来说，对于更精确的计算或将这种方法应用于复杂和快速变化的函数时，我们可能希望使用更精确的更新方法。我们仍然会使用旧值和导数来计算新值，然后进行“循环”，但循环的公式会更加复杂。一种标准的方法被称为龙格—库塔（Runge-Kutta）方法。大多数电子表格程序都内置了这种方法，你可以看看它有多大区别。几乎所有常见的编程语言在其标准库中也会有这个函数的内置版本。

3.5　求解弹簧微分方程

30

尽管通过上面的方法，我们不会得到微分方程的解析解，但我们可以通过将其与解析解进行比较，以更好地了解我们模拟的准确性，以便精确地模拟。因为在弹簧这个案例中，两个解我们都可以得到。如果你还不了解现在在干什么，请不要担心，可以在掌握更多的知识后，再返回这里理解。

在第 2 章中，我们了解到，当微分方程的因变量在导数中并且在等号右边时，解通常和指数有关。我们还知道微分方程通常是通过猜测得到解的。假设我们有一个和指数相关的答案。我们一开始可能弄不清楚，但在求解过程中可以不断完善。

首先猜测，存在某个r使得$s=\mathrm{e}^{rt}$。我们所说的“存在某个r”是指我们稍后将指定一个确切的r。现在我们只是用它作为占位符，同时测试我们的有关指数的想法（即猜测）：

根据猜想可得：$\dfrac{\mathrm{d}s}{\mathrm{d}t}=r\mathrm{e}^{rt}$

两边同时求导并简化可得：$\dfrac{\mathrm{d}^2s}{\mathrm{d}t^2}=r^2\mathrm{e}^{rt}$

将我们的猜测带入已知的式子可得：$r^2\mathrm{e}^{rt}=-P\mathrm{e}^{rt}$

$r^2e^{rt}+Pe^{rt}=0$

提取同类项可得：$e^{rt}(r^2+P)=0$

我们只需要关心（r^2+P）这一项（请参见边注），弄清楚如何使该项为零应该很容易。由于任何数乘以零都是零，因此等式成立。

如果你不知道 e^x 的导数是什么，现在可以去查一下它。

我们可以得到 $r^2=-P$。不幸的是，我们得取负的平方根，这给了我们虚数解（你可能会说这从没提过）。请记住，P需要为正（我们在做模拟时可以看到）；因此我们得到了 $r=\pm i\sqrt{P}$。

由于微分方程的所有可能解的和本身也是一个解，因此这意味着如果我们的猜测是正确的，$e^{i\sqrt{P}t}+e^{-i\sqrt{P}t}$也是一个解。你可以通过在电子表格中添加另一列来使用相同的列t计算这些值，然后在$s(t)$的估计值旁边绘制解析解来验证我们的数值模拟的准确性。

本节应作为可选，尤其是初读时。

r或t取什么值可以使 $e^{rt}=0$？

现在来访问一下数字动物园

为什么当我们早些时候从图中看到指数函数的变化时，我们得到的变量是振荡的？ 为了回答这个问题，我们利用了欧拉（Euler）发现的一个定理——就是那个命名了我们的数值积分方法的欧拉。 他证明了 $e^{i\theta}=\cos\theta+i\sin\theta$。 如果我们将其代入我们的公式中，将得到

31

$$
\begin{aligned}
e^{it}+e^{-it}&=\cos t+i\sin t+\cos t-i\sin t\\
&=2\cos t
\end{aligned}
$$

如果你再仔细看图，你会发现它看起来像一个余弦函数，而且如果更改P的值，你发现它会影响余弦波的频率，这就是更改电子表格中的P的原因，因为它会影响摆动起伏的速度。

3.6 总结

本章很难，但这是一个必要的过程。我们必须学习模拟的基础知识以及在神经环境中使用微分方程的一些术语和符号。 通过关注一个经典的例子，我们已经能够专注于数学模型，而摒弃了将其应用于神经环境的额外复杂性。现在我们已经完成了这一步，可以继续下一章。在下一章中，我们将看到如何使用相同的方法生成脉冲神经元。

我们学到的主要经验是，当被要求解决一个微分方程时，要大胆猜测！对于上面的例子，要猜测一个指数函数。一般来说，微分方程在神经和心理建模中的应用是作为数值模拟的助手，我们不需要解决它们，只需要使用它们。

第4章 插曲：使用循环进行计算

在上一章中，我们学习了如何利用相同的方程进行迭代来使得变量持续改变。在电子表格程序中，我们通过复制和粘贴电子表格的行来完成此操作。我们将这个过程称为一个循环。在本节中，我们将向你介绍命令式编程语言的概念，展示一些循环示例，并向你展示谐波练习的示例程序以便让你看到它与电子表格实现的相似性。

4.1 有不止一种类型的计算机编程语言

所有计算机语言都不尽相同。除了不同语言在特定代码之间的差异外，计算机语言类型也有所差异。你可以用自然语言的差异作为例子来理解。英文和阿拉伯文的字符在视觉上有很大差异，但是对于这两种语言，表达的逻辑是相同的：字母被串在一起以创建词语，这些字母是同一类型。这两种语言与埃及象形文字或汉字不同，在埃及象形文字或汉字中，每个象形文字代表一个词或概念。因此英文和中文汉字的文字类型是不同的。同样，计算机语言间的类型也可能不同。

计算机语言的两种主要类型是命令式和函数式。我们在这里将讨论命令式语言。

4.2 命令式编程

命令式编程就像烹饪食谱。我们要明确给出采取的步骤以及执行的顺序。围绕此系列指令概念设计的任何编程语言都是确定执行的。每一行都是一道命令：立即执行此操作。

命令式编程语言有许多，在这里我们将介绍的是Python。其他语言将在后面列出。Python是一种非常流行的编程语言，在网上可以找到许多示例。它是免费的，并且有许多方便的工具可以简化你对该语言的介绍。此外，还有许多非常有用的Python语言库。 34

编程语言中的“库”

一种编程语言通常由一组具有特殊含义并受到保护的关键词来定义。程序是由这些语言元素串联起来编写而成的。许多编程任务很常见，执行这些任务的程序也会被很多人使用。语言设计者不会为了纳入所有不同的潜在程序而扩大语言的核心定义，他们通常保持核心语言的简单性，却提供一些方法，允许个人用户挑选这些常用的函数导入并在他们的程序中使用，而不必从头开始编写一切。这些附加功能通常被称为库、包或模块。它们通常是用相同的编程语言编写的，但偶尔也可以使用其他语言编写。

Fortran是最古老的计算机语言之一(用于公式转换)。一些优秀的数学程序是用Fortran语言编写的。许多较新的语言将Fortran命令打包在它们自己的语言中，这样就有可能通过使用Python等语言的命令来调用一个Fortran函数。

由于Python是一种流行的语言，所以它有许多库。大多数标准的库都被广泛使用，它们已经变得足够强大、高效和高质量。举两个例子，Scipy有一些常见的科学程序的函数，如傅里叶变换。而PsychoPy是一个用于进行心理学实验的工具箱，你可以用一行Python代码创建随机点阵。当为你的个人工作选择一种语言时，选择一种在你的兴趣领域拥有完善的库生态的语言是一个好主意。不同的语言往往被不同的社区所采用，因此库的广度会有所不同。

循环

计算机程序经常需要重复执行一组指令(就像我们在更新弹簧位置时所做的那样)。当我们要多次重复同一组指令时，我们将其称为循环。

用于循环的两个最常见的术语是for和while。尽管确切的语法通常略有不同，但许多编程语言都使用这些词。

for循环用于对一组指令进行特定次数的重复运行。例如，如果我们有一个数值列表，想计算其中每个数值的平方，则可能会有类似以下代码的代码。 35

列表4.1 for循环的伪代码

```
# A simple {for} loop example

myListNum = [1,2,3,4]
myNewListNum = []

for i in myListNum:
    myNewListNum.append(i*i)
end
```

伪代码是编程书籍和文章中使用的一个术语，用于表示程序需要执行的步骤的示例。它看起来像计算机程序，但在任何实际编程语言中都不是“合法”的，甚至无须与任何特定的编程语言相似。

这段伪代码的第一行是注释。计算机执行包含注释的代码时，并不会读取这些注释，但是人类在阅读代码时需要它们来帮助理解。注释有多种作用，它既可能用于记录功能的用途或预期用途，也可能用于记录程序的作者以及编写程序的时间。注释并不是必需的，仅仅是便于程序员记住他们所做的事情，或帮助用户弄清楚如何使用代码。不同的计算机语言会使用不同的符号来表示注释从而使符号后面的文本被视为注释而不是程序指令。在这个伪代码示例中，使用的是Hash（“#”）符号。其他符号也可以使用，例如“%”“–”，并且每个符号都对应特定的计算机编程语言。为了帮助你理解计算机代码中注释的功能，你可以想象电子表格中的列标题。这些标题和文本单元格可以帮助你理解电子表格如何发挥它的作用，但对于电子表格的数据计算而言，它们并不是必需的。

接下来，我们创建一个数值列表。我们使用方括号来表示列表，并且已将该列表分配给名称为myListNum的变量（注意驼峰式的大小写）。我们还创建一个空列表（[]）来保存在for循环中生成的输出。然后就进入了循环。我们创建了一个名为i的新的临时变量。对于每次循环，我们都会将i更改为新值。它从列表的第一个元素开始并遍历循环。当到达末尾时，它返回顶部，重置i的值，然后重复循环。它会一直持续到循环结束。

在循环内部，我们使用列表的方法将值添加到末尾。许多现代编程语言都存在对象这一概念。汽车是一个对象，它具有属性（例如颜色）和方法（前进）。类似地，计算机对象被赋予属性和方法。在此，列表的特定实例是一个对象。该列表的属性包括我们存储在列表中的数据。函数append是一种类似于Python中的列表方法。如果你将附录视为一本书结尾的章节，就可以理解append的作用。它接受数据输入并将其附加到其末尾。在这里可以创建逐渐增加的数据序列。但是，为了节省空间，我们在使用数字之前先采取了额外的步骤来处理数据。在这个例子中，对应的变量是i * i；这个方程计算了我们正在处理的列表中的元素的平方。完成计算后，得到的结果将直接附加到列表的最后。

36

但是它如何知道（怎么运行）？

我们并不需要关心程序如何知道已经运行到了代码的末尾或者什么时候改变i的值。所有这些问题已经由开发这门语言的人解决了。他们会处理寄存器和位翻转这种底层运行的问题。我们所关注的是更高水平的和我们特定问题相关的问题。在计算机技术发展早期，对于达到程序运行的最高效率来说，更接近硬件层面的编程是很有必要的。随着技术的发展，计算机运行越来越快，这已经不是什么问题了。现代语言会帮助我们解决底层的问题。

while循环是for循环的变体。在while循环中，我们告诉程序执行某些操作，直到满足特定条件为止。这些条件有时被称为谓词。只要谓词为真，while循环就会继续。 当谓词为假时，循环将中断并退出。

列表4.2 伪while 循环

```
myListNum = [1,2,3,4]
myNewListNum =[]

i=0
while i < length(myListNum):
    myNewListNum.append(myListNum[i]*myListNum[i])
    i=i+1
end
```

while循环可能看起来很陌生，虽然细节令人困惑，但是背后的逻辑可以很清晰。我们从创建两个和刚才的例子相同的变量开始。然后，我们用数字 0 初始化变量i。在许多计算机语言中，计数是从零开始的。因此，列表的第一个元素位于第零个位置。通过看某个人是否从零开始计数，是判断他是不是程序员的一个有用方法。

在这个例子中，while循环的谓词部分会检测i的值是否小于列表的长度。我们的列表的长度为 4，每一个元素的位置为 0，1，2 和 3。因此，i的最后一个可以使谓词保持为真的值将是 3。因为 3 小于 4 但 4 不小于 4。在此循环体内，我们将i的值用作索引以访问列表的特定元素。它们自己相乘并添加到输出列表中。随后，该行会在i的当前值上加1，然后将输出存储回变量i。现在，先暂停片刻，问一下自己：如果不这样做会怎样？

如果这样，它永远不会退出循环，因为i将永远保持为0。我们将始终获得列表的第一个元素，将其平方并添加，然后我们将永远重复它，永不退出。这称为无限循环。对于使用循环的新程序员来说，这是一个很大的麻烦。你的程序有效，它永远不会退出，并且你必须使用一些特殊命令来“杀死”它。

37

4.3 带循环的Python中的谐波练习

列表4.3 Python与字符串

```
import pylab as pyl

dt =0.05
p=-5.0
sp=5.0

acc=[p*sp]
vel=[0.0]
s=[sp]
t=[0.0]


for i in range(1,100):
    acc.append(s[-1]*p)
    vel.append(vel[-1]+ acc[-1]*dt)
    s.append(s[-1] + vel[-1]*dt)
    t.append(dt*i)


dp=pyl.plot(t,s)
pyl.show()
```

此代码段是可以运行的Python代码。稍后，我们将说明如何将Python正确安装到你的计算机上，但是如果你现在想尝试，请查看边码137上的说明。输入文件名并保存名称，例如de.py。然后在计算机上打开命令行，导航到保存文件的目录。在输入python2 de.py并稍等一会儿后，你将在计算机屏幕上看到如图4.1所示的结果。

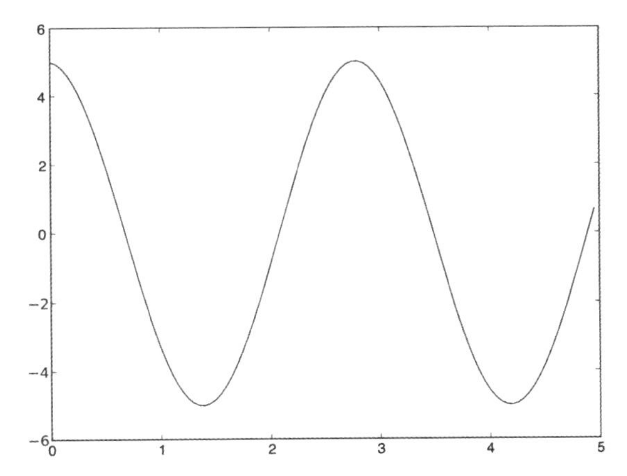

图4.1　示例Python程序将产生一个振动的重物位置图

该代码仅比我们的循环伪代码示例稍微复杂一些。在第一行中，我们导入了将用于制作图形的库。我们不需要关心如何创建现实图像的窗口，因为别人已经为我们编写了相关操作。我们导入了库，并给它起一个名称，该名称将在以后的程序中使用。接下来，我们初始化常量的值并创建将要使用的列表，为其指定第一个值，然后我们进入for循环并运行100次。我们使用Python内置函数range创建了1到100的列表。接下来，我们使用在电子表格中编写过的方程式计算新值并添加到列表中。我们使用Python的一些技巧来获取列表中的最后一个值，也就是这里的数-1。这就像倒数一样。你可以把列表看作一个首尾相接的圆，如果0是列表中的第一个位置，那么-1是它前面的值，也就是列表的最后一个值。完成循环后，我们会创建带有"*x*"和"*y*"值的图，它们分别是有关时间和位置的列表，然后我们会将它可视化。

将这段代码与你的电子表格进行比较。首先，它看起来更简单、更紧凑。其次，消除了需要保持每一行的问题。但更重要的是，其实你在做电子表格的时候，背后就是在运行这段代码，因此实际上你在编写电子表格时就是在进行编程。你已经学会了编程！

第5章

从动作电位到神经元编程：累积放电

学习目标

在阅读完本章后，你可以：

- 对动作电位的性质有全面的了解；
- 了解如何通过将神经元膜当作电容器来建立累积放电模型；
- 利用电子表格生成累积放电脉冲神经元。

5.1 概述

在本章中，我们将通过创建电子表格，对累积放电脉冲神经元编写数值模拟程序。该模型建立在神经元动作电位的基础上。

尽管从历史上看，累积放电模型和其更著名的“堂兄”——霍奇金—赫胥黎模型很类似，但累积放电模型建模对于初学者较为简单。在研究此模型时，我们将介绍一些基本的电路原理。这些内容将为我们提供更多使用计算建模技术所需的专业术语和符号。

总之，本章将：

- 介绍动作电位（action potential）；
- 描述动作电位的累积放电模型；
- 展示此模型是如何将神经元视为简单的电路；
- 使用电子表格软件实现累积放电模型。

5.2 动作电位

在上一章的弹簧示例中，我们从根据经验确定的加速度与位置之间的关系开始了建模。我们的动作电位模型也将来自经验数据。因此，在对脉冲神经元建模之前，必须让自己熟悉对动作电位的相关经验观察。

动作电位在生理心理学和生物心理学课程中有所介绍。在这里，我们仅提供一个示意图，但对我们的计算模型来说已经足够。如果你对这部分内容感到生疏，而又没有教材参考，可以查看在线百科的详细条目[1]或《大脑与行为：生理心理学导论》（*Brain & Behavior: An introduction to biological psychology*）（Garrett, 2011）。

神经元和离子

神经元是细胞，其内部液体被细胞膜包裹。物质渗透细胞膜有两种方式。其中一种是细胞膜上一些特定的通道，基本上这些通道只允许特定的离子穿过细胞膜。另一种则是一般性的渗透，使所有物质都可以不同程度地通过。对我们来说，重要的区别在于通道是具有选择性的，它们允许离子根据一个有关它的浓度和电势的函数通过。

离子是带电粒子。

神经元内部带负电的离子通常多于带正电的离子，它可以通过排出钠（Na^+）和吸入钾（K^+）来实现。但是，由于钾和钠分别堆积在膜的相对两侧，因此它们的浓度梯度会向它们施加作用力，使其向另一个方向移动。不过，钠不能吸收，钾却会渗透出去。如果这样，将留下大量的负电荷。但这些负电荷足够让钾开始被吸引而被拉回。在某个时刻，浓度则又会逐渐将其推出，而电势则会将其拉回保持平衡，并回到静息电位。

电位是指存储在膜两侧的电荷产生的电位差。离子会由于电位变化而来回移动，就像电池一样。

当一个神经元通过突触与另一个神经元交互时，突触后细胞上的某些离子通道打开，并允许离子移动到细胞内。这会导致突触后神经元的电势发生微小变化。如果打开足够的通道，那么细胞内的电荷将大量增加，最终到达一个无法返回的顶点。钠离子通道打开，神经元内正电荷迅速增加。这就是动作电位。从某种意义上说，这个过程是自动的。离子通道打开，然后关闭，一切又都会被重置。

5.3 动手编写动作电位的计算模型

在神经元极化恢复到静息电位时，什么离子会移动？

如何为建立我们自己的模型做准备，最佳方式就是先去查看另一个能运行的模型。这样也能帮助理解各个模型在哪些方面具有优势。通过这种方式，我们能够轻松地模拟复杂、昂贵或者难以在实验室中进行的实验。

41

Afodor网站[2]提供了出色的建模教程。此模型需要你有一台连接到网络的计算机，并且能够运行Java applet。

练习：神经元计算模型的在线探索

为了准备建立我们自己的脉冲神经元模型，让我们回顾一下模拟的动作电位的一些特征。从上面引用的网站启动小程序，然后执行以下操作：

- 按下“开始”（Start）按钮。
- 你将看到一条线开始在屏幕上滚动。
- 按下“刺激”（Stimulate）按钮。
- 在线滚动到右边缘之前，按下“停止”（Stop）按钮。

现在探究以下问题（见图5.1）：

- 在y轴上绘制的值是多少？查看右侧的复选框。你还能画什么？
- 你怎么称呼忽上忽下的波形？
- 使用此小程序回答以下问题：“神经元电位激增后，哪个离子负责使电势返回到基线？”
- 如果再次开始小程序滚动并很快提供两次触发，你会获得两个动作电位吗？为什么不会？你怎么称呼这个现象？

有关动作电位建模的其他材料

如果你希望了解更多设计的数学内容，请考虑阅读格斯特纳（Gerstner）和基斯特勒（Kistler）（2002）的《脉冲神经元模型》（*Spiking Neuron Models*）。这是一本非常优秀的教材，有电子版本[3]。

The Hodgkin-Huxley model of the action potential

In a classic series of papers from the early 1950's, A.L. Hodgkin and A.F. Huxley performed a painstaking series of experiments on the giant axon of the squid. Based on their observations, Hodgkin and Huxley constructed a mathematical model to explain the electrical excitability of neurons in terms of discrete Na^+ and K^+ currents. A Java version of their Nobel prize winning model (as described in J. Physiol., 1952, 117: 500-544) is presented below:

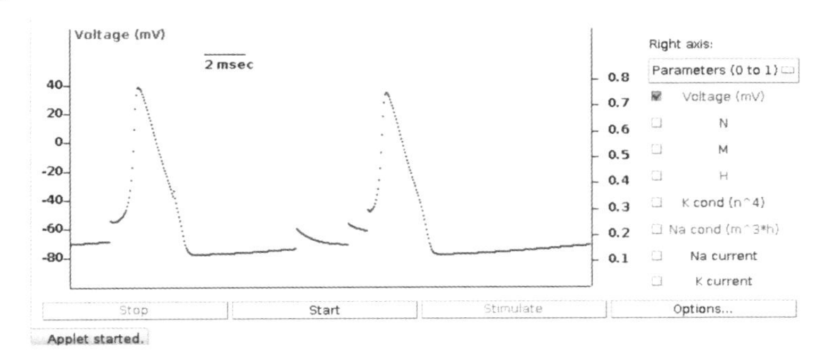

图5.1　霍奇金—赫胥黎模型 Java applet的屏幕截图[4]。你需要在计算机上安装JAVA才能使此演示正常运行。请注意，虽然显示了两个动作电位，但是在第二个动作电位之前有一些失败的触发。最近一次释放动作电位后神经元无法再次触发的时间称为什么？什么可以解释这种现象？

5.4　累积放电神经元方程

上面的演示显示了完整的霍奇金—赫胥黎模型。我们将在第 7 章中讨论该模型。首先，第一个问题是所有这些复杂的东西，所有这些离子通道是否有必要呢？我们不能用这个模型的简单版本来实现我们所需要的全部吗？如果我们将钠离子、钾离子和其他离子合并为一个东西而不是分别考虑它们会怎么样？如果这样做的话，将霍奇金—赫胥黎模型还原到其最基本的要点，我们可以得到累积放电模型。此模型中脉冲神经元的方程为

42

> 我们的生活因细节而烦躁不安。简化，简化，简化！——亨利·大卫·梭罗（Henry David Thoreau）

$$\tau \frac{\mathrm{d}U(t)}{\mathrm{d}t} = RI(t) - U(t) \tag{5.1}$$

除上述公式外，累积放电模型还包含另一个假设，同时也是模型的基本特征：重置。与霍奇金—赫胥黎模型不同，累积放电方程不会自动生成动作电位。对于累积

放电模型，我们将设定一个阈值。每当我们的电压超过此阈值，我们就会断言发生了动作电位，然后将电压重置回基线。

探索方程式

我们无法为不了解的事物建模。这个方程式与我们在弹簧示例中看到的非常相似。但是，它确实使用了更多且不同的变量。考虑如何构建模型的最佳方法之一是耐心地对核心假设进行简单概念性的理解。方程式 5.1 展示了累积放电模型的假设。让我们依次考虑一些关键要素。我们将列出一个问题清单来引导你。首先我们将提供没有答案的列表，再提供解释；请你先尝试自己回答，并且不要害怕质疑我们的解释。

43

- $\frac{\mathrm{d}U}{\mathrm{d}t}$是什么意思？
- τ代表什么？
- 为什么右边的电压带有负号？
- $I(t)$ 是什么？
- 将它们放在一起并解释整体的含义。
- 如果我们没有达到触发动作电位的阈值，为什么我们会看到指数衰减？

一些可能的答案：

- $\frac{\mathrm{d}U}{\mathrm{d}t}$ **是什么意思？** 它是一个导数。它也是一条切线的斜率。它是运行（时间）内的上升（电压）。将所有这些放在一起，它表示电压随时间变化的速率。
- **τ代表什么？** τ是膜时间常数（membrane time constant）的常规缩写。你几乎总是会看到代表此特殊含义的希腊字母。对于我们的方程，它是电阻和电容的组合——稍后将详细介绍。如果解开该微分方程，你应该就能够理解为什么是“时间常数”了。
- **为什么右边的电压带有负号？** 即使你没有对细节进行求解，方程式仍可以使你深入了解定性的结果。不需要过度计算，数学家通常会谈论方程“表现”如何。通过将重点放在更加广泛而非特定的情形，你可以对数学上可描述的现象有更深入的了解。就像我们正在讨论的所有内容一样，这样思考起来会更容易。让我们将此问题分为两个子问题。如果$\frac{\mathrm{d}U}{\mathrm{d}t}$为正值将意味着什么？这意味着电压随着时间增长，变化率是正的。如果右侧的$U(t)$同样为正呢？这意味着正电压与电压的正增加相关，这将导致更强、更高的电压，导致正比率不断增加直到我们的方程式“爆炸”。但带有负号，则表示电压越大，在相反方向上收缩电压的变化越大（正电压高，负变化率高，反之亦然）。这可以使其自我校正。你可能不知道为什么这个方程需要这样，但是你将知道这是它应该具有的功能。神经元的电压不可能无限大，因此经验数据需要像这样的自校正机制。因此方程式必须具有这部分。平衡时的$\frac{dU}{dt}$是什么？用文字怎么描述？

- **$I(t)$是什么？** $I(t)$表示电流。出于历史原因，I是电流的通用缩写。在电力和电报的早期，电流被称为强度（Intensity），由此“I”的缩写就固定了。
- **将所有内容放在一起并解释方程式5.1的含义。** 该方程式告诉我们电压如何随时间变化，就像我们的弹簧方程式告诉我们重物的位置如何随时间变化一样。从该函数中我们可以看到，未来的电压等于注入单元中的任何电流的总和减去当前电压的一部分（例如，假设研究人员卡在电极中）。
- **如果我们没有达到触发动作电位的阈值，为什么我们会看到指数衰减？** 这是我们之前学到的同一课。注意导数中的因变量也位于右侧。变化率与自身成正比。当取导数时，什么函数的导数和其本身看起来相同？指数函数。但是请注意右侧电压项的符号：符号是负的。这就是它是指数衰减而不是指数增长的原因。

44

泄漏累积放电模型的起源

从历史上看，神经元的累积放电模型是霍奇金—赫胥黎模型的简化形式，可以通过考虑神经元的简单电路模型自行证明其正确性。这种思路使我们能够引入一些简单的电气学术语。由于在计算神经科学讨论中经常提到诸如电阻和电容之类的概念，因此理解基础术语很有用。

> 专业时刻：为什么它是泄漏累积放电模型？是由于负U项。如果没有这项，电流的每个新增量都会累积，但是由于电压的变化与自身成反比，因此我们倾向于逐渐将电压降低至静息电位。

使用欧姆定律（Ohm’s rules）和基尔霍夫定律（Kirchhoff’s rules），我们可以将神经元及其膜的简单示意图使用电路进行表达（见图5.2），并得到所需的累积放电模型的关系。

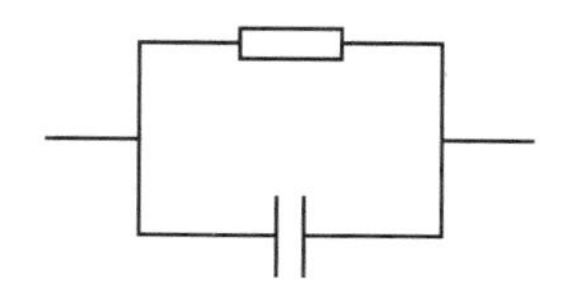

图5.2　神经元的简单电路表示。小矩形代表电阻：离子从左到右穿过膜的阻力有多大。看起来像竖直等号的符号是电容器。电荷在一侧累积。从神经元膜的这种简单概念，我们可以得到神经元的累积放电模型

如何两步成为电子工程师

这两步是了解欧姆定律和基尔霍夫定律。你需要知道的关于简单电路的内容都包含在这两个定律中。

$$U = IR \tag{5.2}$$

欧姆定律：尽管它被称为定律，但是它实际上是经验的描述。

$$\sum_{k=1}^{n} I_{k} = 0 \tag{5.3}$$

基尔霍夫定律：节点所有输入的电流相加应为0。

为了从该电路导出累积放电模型，我们首先定义一些其他关系：

1. 电荷用字母Q表示。
2. 电流是电荷随时间变化的函数。
3. 从上面的1和2，我们得到$I = \frac{dQ}{dt}$。

45

4. 电容可以看作电流的来源。如果我们将正电荷施加到电容器的一侧，则电荷会堆积起来，就像水堆积在大坝后一样。它们无法跨越鸿沟。由于异性相吸，因此一侧的正电荷将吸引另一侧的负电荷。

5. 电容是材料的一种特性，由$C = \frac{Q}{U}$定义。这是一定电压可以累积的电荷量。

有了这些关系，再加上一点代数知识，我们就可以得到累积放电模型了。重新书写公式得到$CU = Q$。记住：对等式的一侧做任何操作，只要同时对等式的另一侧做同样的操作，那么等式仍然成立。因此我们根据时间来对双方进行微分。这会得到

$$C \frac{dU}{dt} = \frac{dQ}{dt} = I(t)$$

由于电容是材料的函数，并且我们的材料（神经膜）没有变化，因此它是一个常数。这使我们可以将其移动到导数之外。基尔霍夫定律指出，进入节点的所有电流必须等于零。在图 5.2 的左侧，由于电阻（I_R）和电容（I_C），流入的电流（I_{in}）必须等于流出的电流，因此，

根据基尔霍夫定律可得：$I_{\text{in}} = I_R + I_C$

替换电容可得：$I_{\text{in}} = I_R + C\dfrac{\mathrm{d}U}{\mathrm{d}t}$

利用欧姆定律替换电阻，可得：$I_{\text{in}} = \dfrac{U}{R} + C\dfrac{\mathrm{d}U}{\mathrm{d}t}$

移项可得：$I_{\text{in}} - \dfrac{U}{R} = C\dfrac{\mathrm{d}U}{\mathrm{d}t}$

两边同时乘 R，可得：$RI_{\text{in}} - U = RC\dfrac{\mathrm{d}U}{\mathrm{d}t}$

用 τ 替换 RC，可得：$RI_{\text{in}} - U = \tau\dfrac{\mathrm{d}U}{\mathrm{d}t}$

对调等式两边使其像方程式 5.1：$\tau\dfrac{\mathrm{d}U}{\mathrm{d}t} = RI_{\text{in}} - U$

5.5　神经元的累积放电模型编程

在第 3 章中，我们从一个公式开始，该公式将我们感兴趣的位置变成了随时间变化的函数。由此，我们能够生成一个模拟，该模拟使用此公式计算变化率以得到更新的位置，依此类推。这给了我们随着时间变化的位置图形。

46

我们想在这里运用同样的逻辑，来模拟一个神经元对不同量的注入电流的反应。为此，我们必须确定我们的自变量和因变量。对我们的神经元来说，与之前的例子中弹簧的位置类似的变量是什么？再次仔细观察公式 5.1 来尝试确定关键变量。回顾一下电生理学家用微电极或脑电图（electroencephalography, EEG）测量的变量都是有帮助的。

事实上，我们对电压感兴趣。这是随时间变化的量，反映了神经元膜两侧正负离子的不平衡。上面的公式（方程式 5.1）为我们提供了电压公式以及电压随时间变化的公式。实际上，它比我们的弹簧例子还要简单，因为没有二阶导数要求我们更新中间值。另外，我们需要指定常量，即 τ，R 以及 I 的值。基于这些事实，我们准备做我们以前做的事情：使用我们的旧值并将其每个单位的变化率添加到其中单位时间乘以时间步长，然后，我们将其用作“新”的旧值。

累积放电模型还需要另外一步或者说另一个假设。如果按照之前的形式对模型进行编程，你将看到神经元永远不会出现尖峰。它的电压在电流输入时升高，并在电流消失时衰减。要使该模型成为脉冲神经元的模式。我们引入了一种重置机制，有时可能会被前缀“非线性”所迷惑。我们建立一个硬性阈值并进行强制重置，当我们的模型电压达到某个值（我们选择称为阈值）时，我们“手动”让电压出现了尖峰并将电压重置回基线。实际上并非手动执行此操作，而是必须在程序中编写特殊规则来处理这种特殊情况。下面，我们将对该模型进行编程，我们将引导你完成实现所有这些功能所必需的步骤。

在本练习中，我们将导数视为分数。这不是偶然的。这就是莱布尼兹（Leibniz）发明此概念的原因。

练习：泄漏累积放电模型的电子表格

在本练习中，你将编写泄露累积放电模型的尖峰形式。为此，请按照以下步骤操作：

1.打开一个电子表格，然后创建以下列：时间步长，时间，τ，阈值，电压，电阻，尖峰，电流。

2.转到下一行，并输入以下起始值：0.1，0.0，10，4，0.0，5，0，0。

3.转到下面的行并输入公式，使该行仅使用上面一行中的常量和值更新其值。你自己决定是否要搞清楚每个公式。作为入门的示例，这里的时间步长始终保持不变。因此，在单元格A3中，你可以输入“= A2”，并且由于时间是旧时间加上时间步长，因此你可以输入“B3 = B2 + $A $2”。

47

4.使引用常量的方程式引用单个电子表格单元格。为此，许多电子表格都使用“$”符号。上面的等式表明，复制和粘贴时，请保持列和行不变。

5.如果电压小于阈值，则设尖峰列为0，如果大于，就设为1。使用电子表格软件中的帮助文档来确定如何使用if函数执行此操作。

6.根据旧电压计算新电压。新电压是旧电压加上电压变化。电压变化率仅为$\frac{\mathrm{d}U}{\mathrm{d}t}$；我们上面得出的方程乘以时间变化。将导数视为分数——你想取消时间的影响。

7.使用电压列中的if规则检查是否出现尖峰。如果是，请将电压重置为零。如果不是，请使用更新后的公式。

8.重复手动输入几行，然后将最后一行复制并粘贴几百次。

9.绘制电压列。如果正确完成所有操作，它将显示一条直线。先停下片刻，问问自己为什么。

10.在当前列中选择几个连续的单元格，并用一系列的 1 替换那些 0 并重新绘制。你应该能看到类似图 5.3 的内容。

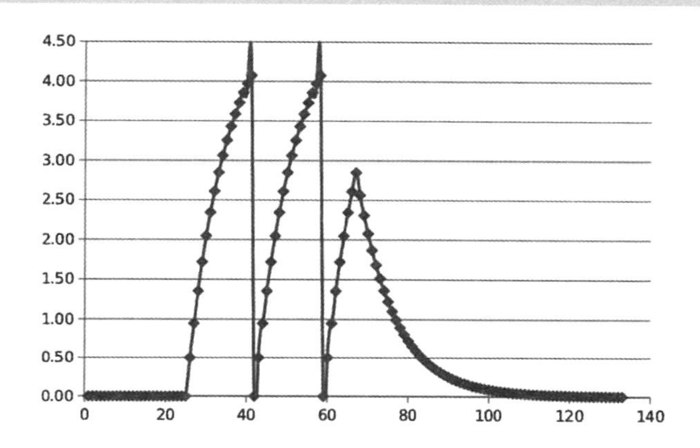

图5.3　实现累积放电模型的电子表格绘制的截图。注意直线。这些直线是每次膜电位达到阈值后发生电压重置而产生的。看最后一次放电。在这里，我们给出的输入电流不足以引起尖峰。请注意曲线的形状，因为它松弛回到零。那条曲线应该让你想起一个函数。哪一个？为什么？

这个基本的电子表格已经足够执行一些有趣的计算研究。* 例如，注入恒定电流会导致不规则或规则的尖峰图形吗？将你的答案与缅因（Mainen）和谢诺沃斯基（Sejnowski）（1995）看到的尖峰相比较。累积放电建模有什么含义？

48

你可能还想研究尖峰输出受到输入变化的影响的规律性。你可以输入正弦变化的电流，甚至可以输入平滑的随机噪声。在这种情况下，尖峰响应的一致性会怎样？

5.6　总结

累积放电模型是当前计算神经科学中一种正在使用的研究工具。每年使用此工具发布数百篇新的研究文章，而你只是在电子表格中对其进行了编程。这表明这个

* 有关程序中 if 函数的更多信息，请参见边码 49 之后的章节。另外，if 规则是“生成”的核心特征。生成是许多基于代理的建模方法的核心，例如会在第 21 章中进行讨论的 ACT-R。

模型的计算能力应该在你的能力范围内。你可以很容易地理解背后的数学过程，而且你显然没有意识到使用电子表格程序也是编程。

累积放电模型作为一种研究工具，因其简单性和鲁棒性而吸引人。它可以看作霍奇金—赫胥黎模型的简化，也可以看作对神经元进行简单电路观察的正当结果。

你的累积放电模型使用前向估计方法，从而上一个值和微分方程用于在下一个时间点生成估计。为了这个简单模型并假设恒定电流，你可以解析得到未来的电压值，并将模型的离散时间下的步长与解析解进行比较。但是，在大多数情况下，用于累积放电模型的解析解是不可行或不可能的。因此，研究人员完全可以通过使用迭代方法完成你的工作。

如何将这些元素组成一个复杂的网络是很显而易见的。例如，可以将一系列计算机串在一起，这些计算机都运行你编写的程序，并使用每个计算机的输出为其他“神经元”创建输入。更加实用的方法是使用更灵活的语言重写模型的电子表格版本，并将这些计算单元的总体串联在一起。无论哪种方式，一旦编写了第一个版本，它实际上都是剪切和粘贴操作。

用于表示神经元尖峰的硬编码的不连续性是不是不利条件，取决于尖峰生成过程的细节是否针对你感兴趣的问题。对于许多应用而言，知道尖峰发生了，以及何时发生就已经足够了，而不必知道尖峰本身的形状、高度或持续时间。对于其他应用程序，这个细节可能很关键，我们可以使用霍奇金—赫胥黎模型的变体来获取它。最后关于任何给定模型（所有模型都将包括一些简化）是否足够好的答案都是，“这不一定”。这取决于你要问的问题。

插曲：使用if语句计算

上一章在累积放电模型的电子表格中引入了if语句。if语句是一种条件式的编程结构，它们在命令式和函数式编程语言中很常见。顾名思义，条件语句是为测试是否应当执行某些特定指令设定了条件。if语句通常与else语句配对。典型的用法如下：

列表 6.1 if-else 的伪代码

```
myListNum = [1,2,3,4]
myNewListNum =[]

for i in myListNum:
    if (isEven(i)):
        myNewListNum. append(i*i)
    else:
        myNewListNum.append(i)
end
```

这又是一段伪代码。我们扩展了前面写过的一个for循环示例并包含了一个条件。我们设计了一个测试数字是不是偶数的函数。*如果我们的数字是偶数，那么ifEven() 返回True，如果不是，就返回False。当括号内的表达式的值为True时，我们将执行if语句下面的命令。否则，我们会执行else语句下面的命令。在这里，我们将对偶数取平方，而奇数保持不变。

* 这些功能可能已经存在于你喜欢的编程语言中。如果没有的话，它们并不是很难写。只需要测试数值除以 2 后的余数是不是零。

简单版本的累积放电模型代码

列表 6.2 简易累积放电模型的 Python 代码

```
import matplotlib.pyplot as plt

r=1
c=1
tau=r*c
dt =0.05
t=0
v=0
threshold =5
i=[]
tdata =[]
vdata =[]

#This will be our current pulse
for z in range (0, 40):
        num = 10
        i.append(num)

#Now return input current to zero
for z in range(40, 75):
        num = 0
        i.append(num)

#This loop calculates our voltage
for j in range(0, 75):
        dvdt = (1/tau) * (r*i[j]-v)
        v=v+dvdt*dt
        if v > threshold:
                v=0
        t=t+dt
        tdata.append(t)
        vdata.append(v)
```

```
plt.plot(tdata, vdata)
plt.axis([0, t,-1, 7])
plt.xlabel ('Time')
plt.ylabel('Voltage (arbitrary units)')
plt.show()
```

此代码和我们的弹簧例子的代码非常相似。导入绘图函数后，首先要将我们需要的常量和变量初始化，包括几个空列表。为了演示如何使用注释，for循环这里插入了三个注释。注释记录了每个for循环的摘要。前两个用于创建当前输入：多少和多长时间。最后一个是更新电压。它使用if语句测试电压是否超过阈值。如果超过了，就设U为0。Python并不一定要有else语句，但有些语言需要。这里if语句将覆盖我们先前的电压计算。循环完成后，我们将打印结果。注意没有一个明确的词表示循环或if语句已结束。 Python使用缩进来分辨代码行是否属于同一块。

51

代码的结果显示了两个尖峰和基线的指数衰减。我们使用了一些其他的绘制方法来标记x轴和y轴（见图6.1）。

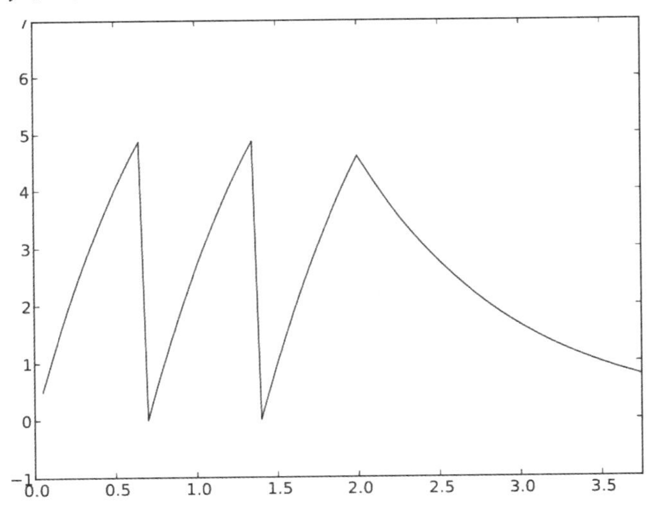

图6.1　上面列出的简单Python程序的输出

第7章

霍奇金和赫胥黎：两位男士和他们的模型*

学习目标

在阅读完本章后，你可以：

- 了解霍奇金和赫胥黎跨学科训练方面的事例；
- 了解霍奇金—赫胥黎模型在概念上与累积放电模型的相似之处；
- 在电子表格中实现霍奇金—赫胥黎模型。

7.1 概述

到目前为止，我们一直致力于建立一个复杂的偏微分方程模型。霍奇金—赫胥黎模型展现了许多计算建模过程中的重要主题。一方面，模型源自数据。霍奇金和赫胥黎使用轴突的神经元记录作为其计算模型的实证基础。另一方面，模型展现了特定情况。霍奇金—赫胥黎模型引领了有关离子通道的特征的预测，而随后的实验进一步对其进行了验证。

在本章中，我们先简要介绍模型背后的人，了解跨学科教育如何促进创新研究。然后，探讨由霍奇金和赫胥黎所创建的模型，并利用电子表格将其实现。

---

* 有些读者或老师可能希望将本章作为可选内容。该部分从概念上讲并没有涵盖新的领域，但确实大大增加了实现的复杂性。要使霍奇金—赫胥黎模型正确运行，需要耐心和坚持，你会发现在满意度和信心方面的回报是值得付出时间和精力的。

7.2　谁是霍奇金和赫胥黎？

艾伦·劳埃德·霍奇金（Alan Lloyd Hodgkin，1914—1998）

霍奇金 18 岁时进入剑桥大学学习。他的家庭成员大多才华横溢，尽管他一生从事生物学研究工作，但他早期接受了别人的建议，接受了广泛的训练并掌握了定量研究的技能。特别是动物学导师卡尔·潘廷（Carl Pantin）的建议让霍奇金将数学研究作为他的一项终身活动。另外，潘廷还建议霍奇金参与校外训练活动。霍奇金为此在英格兰的生物研究站度过了很长的时光。正是这些多样化的教育和实践经验，再加上他的天赋和工作干劲，霍奇金才得以具备技术和知识上的能力从事关于鱿鱼巨型轴突的研究工作。[1]

54

安德鲁·赫胥黎（Andrew Huxley，1917—2012）

赫胥黎走的道路则恰好和霍奇金形成互补。他也是剑桥大学的本科生，但专攻物理学。剑桥大学要求所有物理学专业人员还必须至少选修一门自然科学课程，于是赫胥黎选择了生理学。后来他在研究鱿鱼的海洋实验室度过了一段时光。霍奇金和赫胥黎（当然还包括其他人）的合作不但需要生理学知识和直觉，同时需要技术性技能来帮助他们制造研究仪器并学习如何使用研究仪器，而且他们的研究还需要借助数学知识构建并计算实现他们的神经元动作电位数学模型。

此外，霍奇金和赫胥黎的成功还离不开他们选择了正确的实验模型。以现在的标准看，他们的记录设备还是比较粗糙落后的，但是由于选择了鱿鱼作为实验动物，而这种动物的轴突足够大，可以用肉眼观看，因此研究人员能够进行许多当时在技术上本不可行的生理学实验。这些新颖独特的实验是建立其数学模型的必要基础。

关于这两个人的更多信息可以通过诺贝尔奖网站找到。

我们可以从霍奇金和赫胥黎的生活和职业中学到什么？

1. 接受广泛的训练。霍奇金和赫胥黎都接受过计算方法和实验方法的教育。

2. 寻求广泛的训练体验。两位科学家都离开了家乡去寻求校外体验，都学习了各种工具并结识了未来的合作者。

3. 合作。霍奇金—赫胥黎模型是两个聪明人集中精力并合作解决同一难题的产物。实际上，在霍奇金和赫胥黎开展相关工作前后，有许多其他科学家都为研究动作电位的各种性质做出了重要贡献。

4.不要将自己局限于已有的技术和模型中。重要的新发现通常是技术和方法创新的直接结果，需要有超越现有框架的志向。

观察工作中的大师

有一系列的短片记录了霍奇金和赫胥黎的研究方法。[2] 花点时间去观看一下这些短片，然后讨论一下研究方法上的创新在霍奇金—赫胥黎模型的创建中发挥了什么作用。

55

7.3 霍奇金—赫胥黎模型

我们最终可以将霍奇金—赫胥黎模型视为上一章累积放电模型的进一步拓展。不像原来只有一个电流项，我们用三个电流项来分别表示三个不同的离子通道。每一个通道也会根据电压和时间而改变其电导系数（conductance）。

回想一下，当我们想从神经元的电路模型进一步发展累积放电模型时，我们使用了基尔霍夫定律，该定律规定进入一个点的电流量必须总计为零（$I_{total} = I_{Resistance} + I_{Capacitance}$）。在霍奇金—赫胥黎模型中，我们将一个单独的电阻项替换为三个独立的电阻项，每个电阻项分别对应不同的离子：钠离子、钾离子以及所有带负电离子的集合。通过并行累加电阻，我们现在可以得到

电导系数是电阻的倒数。如果将你的手指放在软管末端，就会增加其电阻并降低其电导率。如果移开手指，就会降低电阻并增加电导率。按照惯例，电导用 g 表示，电阻用 R 表示，数学上 $g = \frac{1}{R}$。

$$I_{total}(t) = I_c(t) + \sum_i I_i(t)$$

i 指代三类离子Na^+，K^+和所有阴离子（L表示“泄漏电流”）中的任意一种。

要得到霍奇金—赫胥黎模型的完整方程，对于每类离子，我们需要扩充相应的方程项，并且运用我们之前所学的电流和电容的关系。此外，如果模型的计算最终是要拟合霍奇金和赫胥黎的鱿鱼轴突实验中所记录的数据，我们还需要添加几个他们确定有必要加入的额外变量。因此最终的方程是

如何用另一种方式表示我们学过的电容电流？请参看第42页。

$$C\frac{dU(t)}{dt} = I_{injected}(t) - [\bar{g}_{Na}m^3h(U(t) - E_{Na}) + \bar{g}_K n^4(U(t) - E_K) + \bar{g}_L(U(t) - E_L)] \tag{7.1}$$

m，n和h代表什么？

狮子、老虎和熊。天啊！　——多萝西(《绿野仙踪》)

一种回答是，它们是能使模型拟合数据必不可少参数，但它们本身是具有物理含义的。我们可以想象每个通道存在一系列的闸门。离子通过通道时，所有的闸门都需要同时打开。因此，对这些公式项的一种解释是代表闸门打开的概率。这就像掷一些有误差的硬币一样（有误差意味着硬币正面朝上和反面朝上的概率不相等）。当所有硬币同时正面朝上时，所有闸门都打开，并且所有离子都可以通过。不同的离子通道具有不同的概率，因此应该具有不同的参数。这些公式项的幂值最初是通过对数据拟合确定下来的，但当后来对钠通道和钾通道进行了测序后，结果发现幂值和蛋白质亚基的数量恰好重合（例如，钠通道具有四个亚基，正好模型中m的幂值取 4）（Catterall et al., 2012）。

56

讨论：$E_{(.)}$代表什么？

这是另外一个例子，告诉我们在查看方程式时如何从定性角度（而不是从定量角度）理解方程式所要表达的含义及其表现形式。为了更好地理解$E_{(\cdot)}$，请考虑当$U(t)$大于或小于$E_{(\cdot)}$时会发生什么。这对离子流意味着什么？

霍奇金—赫胥黎模型的另一个复杂之处在于，不但电流项变多了，而且每个电流项的系数也会随电压而变化。这自然是有道理的。通道打开的概率必须取决于电压，否则我们将无法获得动作电位，但这也意味着我们的方程会变得更加复杂。

m，n和h中的每一个也都有自己的微分方程。方程的一般式为：$\dot{m}=\alpha_m(U)(1-m)-\beta_m(U)m$。$m$，$n$和$h$都有相同的公式形式，只是$\alpha$和$\beta$取值不同。

将m，n和h分别替换相应的下标就可以获得完整的方程组。为了使模型更符合实证的结果，还必须存在α和β项。这再一次体现了最佳的模型是应如何与实证观察紧密联系的。

注意，α和β的方程式包含一个（U）。这意味着α和β的取值都是U的函数。

问题：m上面的那个点代表了什么？
回答：这个符号代表了对时间所取的导数，和$\frac{dm}{dt}$以及$m'(t)$含义一样。

在这一点上，我们应该大加赞赏霍奇金—赫胥黎模型所取得的成果，他们在数字计算机诞生之前纯凭脑力推导出该模型并进行了测试。方程式 7.1 是一个复杂的偏微分方程。我们无法得到该方程式的解析解，因此我们只能进行模拟实验，通过数值模拟来运用这个方程。

幸运的是，对我们来说如今的计算能力已经取得了长足进步，所以这只是个使用计算机就可以解决的问题。只要有足够的耐心，我们可以采取之前在弹簧模型和整合放电模型中所用过的相同方式，也对这个系统进行模拟。就像我们之前项目所做的一样，我们也可以在电子表格中实现模拟，并使用电子表格程序的绘图功能将结果可视化。值得注意的是，在这个练习中你所用到的概念（即通过计算微分方程中的变化来从旧值中获得新值）与你之前学过的是一样的。而这个算法之所以更难，是由于方程项的数量更多，且更容易出现输入错误和循环引用问题。因此，当将来你与他人合作时请记住这一点，细节决定成败。计算实验的成功可能并不取决于你的聪明程度，而是取决于你的耐心和毅力。

57

括号有什么用？

括号在方程式中有不同的作用。首先它们可以定界运算符，例如 $2(3+4)$ 表示你将括号内的值先相加之后再乘以2。但是，当你在方程式中看到带有变量的括号时，它们很可能具有不同的含义。$U(t)$ 并不等于 $U\times t$，而是指 U 是 t 的函数。你输入一个 t 值就能得到一个输出值。

本章接下来的内容将帮助你建立自己的相关模型。

7.4 用电子表格模拟霍奇金—赫胥黎模型

警告：前方高能

由于该模型的复杂性，你应该准备好应对一些麻烦。你大概率会在第一次尝试建立该模型时出现错误。如果运行有问题，请检查以下内容：

> 有没有想过，为什么我们将计算机错误称为“虫子”（bug）呢？一种说法是，当时在查找一台早期计算机（那种使用机械继电器的计算机）哪里出问题时，最后发现问题是因为一只飞蛾困在了其中一个继电器中。因此查找“虫子”这一说法就沿用了下来。

- 仔细检查你的数值。所有常数都完全正确吗？我们较早的项目允许常数的选择可以有微小的变化，但霍奇金—赫胥黎模型并非如此。每个数字和方程式都必须完全正确。
- 仔细检查你电子表格中引用的列，其中有很多 m 和 n 以及 α 和 β。引用的列很容易出错。
- 你的时间步长足够小吗？

- 你是否有足够的迭代次数？你可能需要迭代很多行。
- 首先尝试不输入电流。如果所有数值正确的话，一切都应保持相对稳定。由于程序的精度有限，可能会有一些微小的变化，但是电压值的大幅变化说明存在问题。如果发生这种情况的话，请尝试查找哪一列数字最先发生变化。这可能会提示你错误所在。

检查一下单位。一种检验方程式是否写对的办法，就是查看一下输入的单位和输出的单位是否具有意义。

58

练习：电子表格中的霍奇金—赫胥黎模型

在本练习中，你将实现电子表格版本的模型。在“注入”补充的电流脉冲之后，你将观察到动作电位。

首先，你将需要在电子表格中创建一列，该列将保存此模拟所需的常数（见表 7.1）。请仔细输入。

由于这是一个更详细和复杂的模拟，因此在你开始输入之前，最好先停一下，仔细考虑一下最终目标是什么：

- 你最终要根据什么值进行绘图？应该是电压与时间的关系。你可能还希望在图上叠加上电流的变化趋势，如本书边码 42 的 Java applet 所示。
- 我们如何计算出新电压？还是通过使用之前的规则：新值等于旧值加上值的变化。我们通过使用微分方程得到单位时间的变化率并乘以时间步长来计算出值的变化。
- 现在，我们还需要了解哪些其他内容来估计这些数值？如果查看方程式 7.1，你会发现它取决于n，m和h的值，而n，m和h每一个都有自己的微分方程。对于每一个微分方程，我们都需要遵循相同的规则：旧值+变化率×时间步长。导数m，n或h的基本公式为$\frac{d*}{dt}=\alpha*(U)(1-*)-\beta*(U)*$。可以将*替换为相应的变量。
- 每个n，m和h取决于各自的α和β。每一个都有自己的公式（参见表 7.2）。随着电压（U）的变化，这些值也需要在每一轮都进行更新。

最后一个棘手的问题：我们如何开始？初始值设为多少？为此，我们假设系统从电压没有变化的静止状态开始。如果是处于静止状态，那么导数应该是什么？

如果系统处于静止状态，那么什么也不会发生变化。也就是说，$\frac{dU}{dt}$应该为零，并且电压应处于其静息电位。对于我们选择的一组常数，该值为0（在生物神经元中，静息电位接近−65mV，但这仅表示基线的位移，对于观察模型的定性行为，以及动作电位的形状和自动性来说并不重要）。

零时刻的n，m和h的值是多少？结果是：$m_{\text{atrest}}=\frac{\alpha_m}{\alpha_m+\beta_m}$。对于$n$和$h$同样也是如此。你可以通过$m$导数的基本公式来得到这个式子，记得将$\frac{\mathrm{d}m}{\mathrm{d}t}$设为零，然后进行移项。该公式对于$n$和$h$来说也是一样的。

有了这个公式列表，你就可以实现自己的编程了。

59 表7.1 格斯特纳和基斯特勒的霍奇金—赫胥黎模型的常数值截图。根据这些值，我们可以得到静息电位为零，而电容为1（这样我们基本上可以忽略掉电容）

钠的逆转电位	115 mV
钠的电导	120 mS/cm^2
钾的逆转电位	–12 mV
钾的电导	36 mS/cm^2
泄漏反转电位	10.6 mV
泄漏电导	0.3 mS/cm^2

表7.2 用于计算 α 和 β 值的方程式

α_n	$\frac{0.1-0.01U}{e^{1-0.1U}-1}$
β_n	$0.125e^{-\frac{v}{80}}$
α_m	$\frac{2.5-0.1U}{e^{2.5-0.1U}-1}$
β_m	$4e^{-\frac{U}{18}}$
α_h	$0.07e^{-\frac{U}{20}}$
β_h	$\frac{1}{e^{3-0.1U}+1}$

还是很困惑？

记住霍奇金和赫胥黎模型因此获得了诺贝尔奖。因此这个模型并不是那种简单的练习。正如我们在开篇所说的一样，那些使用数学方法的人，之所以可以和那些不使用数学方法的人区分开来，更重要的是在于他们的坚持不懈，而不是他们的天赋。事实上，你不能像写论文时那样坐下来写完这个模型，这是件很正常的事。你能做的就是刚开始的时候缓慢地循序渐进，做好出错的准备，并坚持下去。如果你完全卡住了，可以和其他人交流一下，然后回来再试一次。相信你可以解决这个问题。

	A	B	C	D	E	H	I	J	K	L	M	N	O	P	Q	R	S	T	U	V	W	X
1	Constants		v	dvdt	dt	an	bn	am	bm	ah	bh	n	m	h	dndt	dmdt	dhdt	ik	ina	il	istim	itot
2	ena	115	This row figures out the starting values for m,n,h when t = infinity and all is at steady state																			
3	gna	120																				
4	ek	-12																				
5	gk	36																				
6	el	10.6																				
7	gl	0.3																				
8																						

图7.1　电子表格（包含示范的列标题）的截图。注意第一行数据将与随后的数据不同，因为第一行是你的初始值，之后的大多数值将变为“新值＝旧值＋变化值”的形式

如果你还是不知道从哪里开始，请参阅图 7.1，你可以使用其中示范的列标题作为开始。图 7.2 显示了正确的电子表格所应有的输出样本，可以帮助你确定自己的操作是否正确。

探索

如果你成功实现了模型，那么接下来你可以查看该模型作为一个神经元函数模型的准确性。例如，你的模型是否出现了绝对或相对不应期（refractory period）？

此外，你可以重复和累积放电模型相同的实验，并输入延长的恒定电流。你能够看到恒定或不规则的尖峰吗？

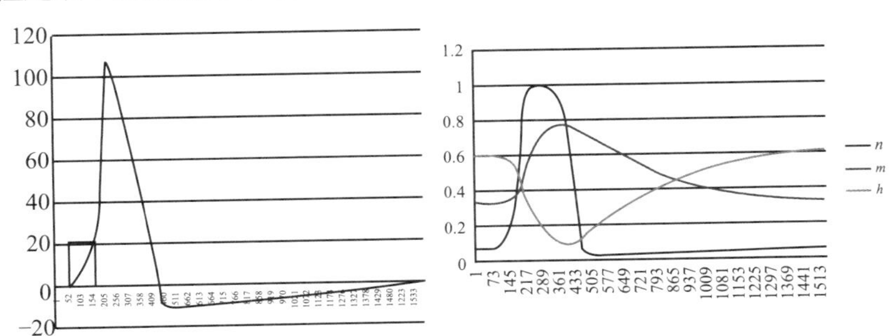

图7.2　根据霍奇金—赫胥黎模型的电子表格程序所生成的图。左图显示了电压和电流轨迹的叠加，其中显示了一个动作电位。右图显示了 m，n 和 h 值随时间变化而产生的相应变化

你的模型对时间步长的设置有多敏感？模型是否对参数的微小变化敏感？你能

否利用这种方法来确定哪个离子对动作电位后电压的重新极化最为关键？输入负电流是否可能导致尖峰？

这几个例子能让你在构建了可以运行的计算模型后，对可以进行的实验范围有一定的了解。实验会变得简单起来，就比如像更改通道电导这样的研究工作，仅需几分钟就能实现，而这在活体内实现却是非常困难或花费昂贵。这就是计算模型的力量。如果你已经成功做到了这一点，你就会知道，只要你愿意，你可以朝着这个方向继续走下去。

7.5 微分方程的最后一点说明

在前面的章节中，我们介绍了有关微分方程的基本术语、符号和用法。我们主要关注它们在神经元建模中的应用，因为这是运用微分方程的成功案例之一。但是你不能认为只有单个神经元的建模与微分方程相关。每当你发现自己想研究某个神经或心理过程，而你感兴趣的是这个过程中的某个变化率，或者其中一个连续变量是如何随另一个连续变量发生变化的，你就可以使用微分方程进行建模和模拟。它们可以为你提供十分有用的信息。

第8章 插曲：函数运算

上一章中，我们指导你完成了霍奇金—赫胥黎模型的电子表格程序。由于模型的复杂性，这个练习充满了挑战性。但这个练习之所以充满挑战性还是因为电子表格的传统用法不是很适合编写这个模型的程序。电子表格很难追踪哪一行或哪些单元格互相引用，很容易产生难以修正的循环引用。甚至拖动和复制操作本身也可能很复杂。如果你没有冻结需要特别引用的单元格，你尝试求解的常数可能会不断递增，但仅通过查看电子表格中的数字却很难看出这一点。类似手指稍微滑到鼠标上都很容易导致错误。

因此，你应该可以理解，如果将整个模型拆分成各个小块的独立组件，研究复杂的算法可能会更加容易。更加复杂的算法结构可以使用这些小组件构成。

为了实现这种方法，编程语言有了定义函数的功能。实际用于定义函数的关键词和语法可以略有不同，但是总体来说结果都是一样的。你可以创建一个新的函数项目来接收输入，并经过处理后产生新的输出。

例如，如果我们想编写一个将两个数字相加然后求平方的函数，我们应该如何做呢？我们的函数输入的将是两个数字，输出将是运算的数学结果。伪代码的基本思路如下所示：

列表8.1 定义函数的伪代码

```
addNSq = functionDefinition（x，y）:
        output =（x + y）^2
```

在此代码段中，我们定义了两个临时的局部变量x和y，它们指代的是稍后我们将用到的任何输入。函数的主体遵循的是其中定义了函数名称以及输入的那一行。函数中还有某个关键词来告诉函数输出一个值[通常被称为“返回”（return）]。我们可以使用上面的函数，例如addNSq（2，3），然后返回数字25。

这种方法的好处是我们可以搭建自己的框架并将它们拼凑在一起以建立更大的框架。尽管最终的代码可能很庞大，但我们可以查找特定的细节，因为每个代码块都很简单且易于处理。如果我们想要找到错误在哪，我们也可以单独测试每一个代码块。

以下代码是霍奇金—赫胥黎模型的Python脚本示例。它展示了我们到目前为止所学的许多概念，包括for循环和if语句。此外，它介绍了Python中如何定义一个函数并在程序中使用该函数的过程。

列表8.2 霍奇金—赫胥黎模型的Python脚本

```
import pylab as pyl
import math as m


vinit =0.0
dt= 0.01
ena = 115
gna = 120
ek = -12
gk =36
el=10.6
gl = 0.3


def upd (x, dlta_x):
    return (x + dlta_x * dt)

def mnh0 (a,b):
    return (a / (a +b))


def am (v) : return ((2.5 - 0.1*v) / (m.exp (2.5 - 0.1*v) - 1))
def bm (v) : return (4 * m.exp((-1)* v / 18))
def an (v) : return ((0.1 -0.01 * v) / (m. exp(1 -(0.1 * v)) -1) )
def bn (v) : return ( 0.125 / m.exp((-1) * v/80))
def ah (v) : return ( 0.07 * m.exp ((-1)* v/20))
def bh (v) : return ( 1/(m.exp(3 -(0.1)* v) +1))
```

```
am0 = am (0)
bm0 = bm(0)
an0 =  an (0)
bn0 =  bn (0)
ah0 = ah (0)
bh0 = bh (0)


m0 = mnh0(am0,bm0)
n0 = mnh0(an0,bn0)
h0 = mnh0(ah0,bh0)


def ina (m, h, v):
    return(gna * (m ** 3) * h * (v -ena))
def ik (n,v):
    return(gk * (n ** 4) * (v -ek))


def il (v):
    return(gl * (v -el))


def newS (v, m, n, h, t):
    if (t < 5.0) or (t > 6.0):
        istim = 0.0
    else:
        istim - 20.0
     dv = (istim -(ina (m, h, v) + ik(n, v) + il (v)))
     dm = am(v)*(1-m)-bm(v)*m
     dn = an (v) * (1-n)-bn (v)* n
     dh = ah (v) *(1-h)-bh (v) * h
     vp = upd(v,dv)
     tp = t+dt
     mp = upd (m,dm)
     np = upd (n,dn)
     hp = upd (h,dh)
     return (vp,mp, np,hp, tp)
```

```
vs=[]
ms=[]
ns=[]
hs=[]
ts=[]
a,b,c,d,e = newS(vinit,m0,n0,h0,0.0)
vs.append(a)
ms.append(b)
ns.append(c)
hs.append(d)
ts.append(e)
for i in (range (2,3000)):
    a,b,c,d,e = newS(vs[-1],ms[-1],ns[-1],hs[-1],ts[-1])
    vs.append(a)
    ms.append(b)
    ns.append(c)
    hs.append(d)
    ts.append(e)

pyl.plot(ts,vs)
pyl.show()
```

如果你将此脚本保存在计算机上，并用handh.py名称命名，就可以使用python2 handh.py在命令行中运行它。如果你有这两个导入的库，那么你可以在屏幕上看到动作电位的电压轨迹。让我们来理解一遍这段代码的内容。

首先，我们导入了一个绘图库和一个能计算指数的数学库。在此之后，我们设定了用来表示常数的变量。

在此之后，有一系列以def开头的语句。这是Python 中用于定义函数的关键词。当Python看到这个词时，它就知道下一个单词将是新函数的名称，且该单词后面的括号将包含要在此函数内使用的局部变量。接下来冒号之后表示的是该函数的实际操作。

我们的第一个函数upd定义了我们的更新规则。每当有需要更新的内容时，我们都可以使用此函数。很明显，每次更新时我们都在使用相同的公式，这意味着我们可以重复使用相同的代码，我们不需要每次计算新值时都重新写代码。如果我们能够一次性正确地编写此代码，那么每次都可以正确运行。

接下来的许多函数都只有一行。我们可以简单地替换函数的名称。这种做法使我们的代码更具有可读性。我们没有长串的数学字符，而只有一串简单的陈述。如果我们能够恰当命名，即使其他人不了解所有的具体细节，他们也可以明白我们的代码大概在做什么。

Python要求我们先声明一个变量或一个函数，然后才能使用它。顺序很重要。这表明了我们写代码时的渐进形式。

我们的主要函数是newS，这个函数根据旧值计算新值并合并所有更新。它有点像电子表格中的长行，但是这种架构形式让我们更容易追踪发生了什么。注意这个函数一开始就是用if语句来选择电流值以便在早期获得瞬态脉冲。这段代码不是实现此目标的唯一方法，这只是其中一种特定的方法。几乎每一个基本过程都可以有很多方法进行编程，你选择哪种方法取决于你的风格以及程序的目的。

在程序结束时，我们使用最后的旧值遍历多行，并将它们附加到以此为目的而创建的列表中。由此生成并查看所需的图就很简单了。

结论

你现在已经了解了命令式编程的主要特征。有一些方法可以声明常数或变化的变量。有些控制结构（例如if语句）使我们的程序根据某些条件而做一件事或另一件事。还有一些循环可以自动执行重复任务，这是计算机最擅长的。在此基础上，还有我们自己定义的函数，这些函数使我们可以包含我们希望程序执行的特定过程并保证可移植和可重复使用。最后，我们通过访问库可以轻松获取其他函数，而不必编写自己的基本函数。

如果你能够成功地在电子表格中对之前的练习进行编程，那么你应该已经对算法有所了解。如果你发现Python程序的结构比电子表格更有优势，那么你就可以选择某一门计算机语言并尝试用该语言重写该练习。

第二部分

神经网络

第 9 章

数理基础：向量和矩阵

学习目标

在阅读完本章后，你可以：

- 初步了解线性代数；
- 了解向量的概念；
- 了解矩阵的概念；
- 对向量和矩阵进行简单的运算，如加法运算和乘法运算。

9.1 概述

通过介绍微分方程及其在细胞水平的模型中的应用，我们在前面的章节引入了计算建模方法。这些模型从生理物理学中获得了启发：从单个神经元的生物模型出发，可以进一步衍生出一些简单的规则来决定神经元的“开”和“关”，而由这些简单的开—关神经元构成的模型就被称为神经网络（Neural Networks）。

这些相对简单的结构及其组合能够帮助研究者进行大型的网络计算处理，而神经网络模型的一些特性也会受到其网络规模大小的影响。神经网络模型如今已经被广泛地用于神经科学和心理学计算建模分析中。它的发展依赖于计算机科学和物理学的高效结合，而这些学科本身就很擅长分析简单数学元素的集合。我们在整合这些“开—关”单元的组合时就需要利用一些数学工具，其中非常重要的数学基础就是线性代数。线性代数主要涉及向量和矩阵的运算。本章将简要介绍线性代数中的基本概念，之后的章节中我们还会介绍如何利用线性代数工具来构建两种简单的神经网络模型：感知机（perceptron）和霍普菲尔德（Hopfield）网络。

9.2　线性代数

68

线性代数依赖于向量和矩阵两个概念。和微分方程一样，线性代数包含了一个广泛的数学领域且有许多分支。但我们只需要了解一定的线性代数基础知识，就可以学习神经网络模型了，初步熟悉矩阵及其运算规则，就可以让我们很好地胜任神经网络建模。此外，矩阵运算在许多方面都比微分方程简单，因为矩阵相关的运算规则（如加法和乘法）大家早已熟悉其基本概念了，我们只是需要进一步学习如何在向量和矩阵中实现这些运算。

什么是向量？

我们可以用几种不同的思路来理解向量，这些不同的思路对应着不同的应用情景。一个非常直接的思路就是将向量看作一个数字列表[1，2，3]，但是更形象的一个思路是将向量视为一个几何对象，即一个空间中有指向的箭头。数字列表可以被看作箭头头部在某个坐标空间中的坐标。数字列表的长度决定了空间的维数。在这个思路下，整数可以看作维数为1的向量。而我们中学时所认识的笛卡尔平面(x, y)上的点则是二维空间中的向量。

向量的维数可以任意大，甚至可以是无限大的，但在应用中我们使用的都是有限维度的向量。在一个维数较大的空间（如100维）里把一个向量看作一个箭头似乎很复杂且难以想象，但是我们可以简化来看，所有向量都可以用两个变量来定义：方向和大小。这样简化后，空间的维数有多少并不重要，向量只是一个指向特定方向的特定长度的箭头。

这种几何思维可以很好地帮助我们理解包含矩阵和向量的方程，理解其运算规律。因为从几何角度来看一个向量，我们实际上只能做两件事：改变它的长度或它所指的方向。我们对向量进行的所有数学运算构成了神经网络的基础，而这些运算都可以从几何的角度去重新认识。

向量和矩阵是学习神经网络计算的基础，在学习其运算规则之前，我们必须先掌握一些基本的定义规则。向量可以用加粗的小写字母表示，如$\boldsymbol{v}$；也可以在上面加一个箭头，如$\vec{v}$。

行和列

在定义向量时，我们通常需要将数字列表写入一个方括号之间。这个列表的方向通常是按列（上下）排列的。通过对列向量进行转置也可以得到行向量，转置后需要在原有向量右上角加一个大写的T或一撇，在矩阵的转置中也采用类似的标识方式。

例如：

$$\boldsymbol{v}=\begin{bmatrix}1\\2\\3\end{bmatrix}$$

和

$$\boldsymbol{v}^{\mathrm{T}}=\begin{bmatrix}1 & 2 & 3\end{bmatrix}$$

69

矩阵

我们可以把向量看作在空间中某个点的坐标集合，同时也可以把矩阵看作向量的集合，基于向量按列进行上下排列的规则，矩阵可以被认为是由几个向量并排构成的。当然，我们也可以将矩阵的行列转置。在定义一个矩阵时，通常需要用一个粗体大写字母表示，例如$\boldsymbol{M}$，转置矩阵用上标“T”（$\boldsymbol{M}^{\mathrm{T}}$）表示。

如果向量需要基于一个空间定义，那么这个空间又是如何定义的？答案是基于其他向量定义的。如图 9.1，你可以发现坐标轴也可以被看作向量，其中x、y和z向量是正交的。在由x、y、z三个向量构成的这个空间里，我们可以基于这三个向量定义很多其他向量。这样在空间中可以被用于定义其他任何向量的向量集合都称为基（basis）。x、y和z轴是三维笛卡尔空间的基，尽管我们通常会认为一个基中的所有元素都是正交的，但实际上三维空间中还有其他非正交的基。

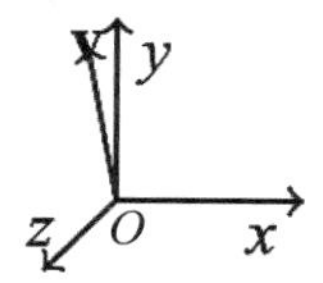

图9.1　这是向量的可视化形式

9.3　向量与矩阵的初等运算

首先我们需要学习向量和矩阵的一些初等运算操作。我们将使用电子表格软件来实现简单的神经网络，下面的练习将带我们了解如何快速上手电子表格软件。我们会展示操作的具体过程和输出结果，读者也可以对照步骤和结果进行练习。

练习：添加矩阵

打开你的电子表格程序，写下：

$$\begin{bmatrix}1 & 2\\3 & 4\\-4 & 6\end{bmatrix}+\begin{bmatrix}1 & 3\\2 & 4\\-4 & 4\end{bmatrix}$$

这个练习演示了向量或矩阵的加法运算。在加法运算中，我们需要把一个向量/矩阵中的每一项与另一个向量/矩阵相同位置的数相加。这意味着相加的向量或矩阵需要拥有相同的大小，否则就没有办法一一对应地进行各项的相加，运算结果如下：

$$\begin{bmatrix}1 & 2\\3 & 4\\-4 & 6\end{bmatrix}+\begin{bmatrix}1 & 3\\2 & 4\\-4 & 4\end{bmatrix}=\begin{bmatrix}2 & 5\\5 & 8\\-8 & 10\end{bmatrix}$$

练习：向量乘一个标量

进行向量的缩放：

$$4\times\begin{bmatrix}1\\2\\3\end{bmatrix}$$

将矩阵乘标量（即某个数字）时，需要将矩阵（或向量）的每个元素乘以相同的数字*：

$$4\times\begin{bmatrix}1\\2\\3\end{bmatrix}=\begin{bmatrix}4\\8\\12\end{bmatrix}$$

电子表格软件中有一个快捷方式可以实现这个练习，你可以使用公式“MMULT”。大多数表格软件（如Excel）中都有这个函数，这个函数可以在表格中指定一组单元格为矩阵，然后指定另一个数字作为标量进行乘法运算。

---

* 基于加法和乘法运算规则，你也可以推导出减法运算的规则。首先需要将向量或矩阵乘以 −1，然后进行加法运算。

9.4 几何思维

之前我们提到过，了解向量和矩阵的几何概念可以帮助你初步了解神经网络模型。而从几何视角来看，向量可以通过方向和大小来定义。其中“大小”一词还可以理解为向量的长度。在讨论如何计算向量的长度之前，我们需要先说明这里的长度是什么意思。

71

指标（metric）代表着数学对象的大小。指标可以看作一种函数。输入一个数学对象后，指标函数会输出它的大小。一个指标函数必须遵守下列规则：

指标规则

- $d(x, y) \geqslant 0$
- $d(x, y) = 0, \Rightarrow x = y$
- $d(x, y) = d(y, x)$
- $d(z, x) \leqslant d(x, y) + d(y, z)$

指标不仅可以提供数学对象的大小，还可以被用来衡量距离。因此，我们选择使用字母d而不是f来强调指标函数与距离的关系。上述这些规则还可以通过文字进行描述：

- 比较两个对象时，函数输出必须大于等于零。即两个对象之间的距离不能小于零。
- 如果两个对象之间的距离为零，说明这两个对象一模一样。每个位置只有一个对象，如果两个对象之间的距离为0，那么说明它们在一个位置。
- 距离不会受到方向的影响。类似于在跑道上跑一圈，无论是顺时针还是逆时针，距离都是一样的。
- 广为人知的三角不等式定理，正如老话所说：两点之间的最短距离是一条线段。

需要注意的是，这些规则不会告诉你具体要如何计算距离。规则只可以用来评估一个函数是否可以作为距离的指标。这种抽象性是高等数学广泛应用的基础，但也是非数学家在面对数学思想时感到茫然的原因之一。指标定义的抽象性也说明了有不止一个函数可以作为指标。在面对抽象的定义时，我们可以试着想出一个具体的例子以加深理解。但是需要注意的是，不要认为这个具体的例子是唯一的例子。

我们可以以一个常见的距离指标“欧氏距离”为例。这种指标可以测量出直角三角形斜边的长度：将三角形的每一条直角边的平方相加，求出平方根。对于更多的维度，我们也可以这样做：

$$向量长度|\boldsymbol{v}| = \sqrt{\sum_{i=1}^{n} v_i^2} \quad (9.1)$$

72

练习：计算量级

基于欧氏距离公式计算下述向量的长度：

$$\begin{bmatrix} 1 \\ 2 \\ 3 \end{bmatrix}$$

$$\sqrt{1^2+2^2+3^2} = \sqrt{14}$$

如果欧氏距离不是唯一的指标，那么还有什么其他的指标方式？试着想一下，如何计算一个球面上两点之间的距离，就像我们的地球一样，这种曲面上的距离计算可以使用欧几里得距离吗？可以使用曼哈顿距离吗？你最喜欢的咖啡店和快餐店之间的距离最准确的指标方式是欧氏距离还是其他方式呢？

内积

如果你有一定的物理基础，那么你可能已经学过向量的点乘运算规则。点乘运算是内积运算中的一种。与指标一样，内积也是一种函数，它接受对象（如向量）并生成标量形式的输出。当然，“内积”也遵守上述提到的指标规则。需要注意的是，向量点乘计算不是内积函数的唯一形式，就像欧氏距离不是唯一的指标方式一样。

向量点乘

向量点乘运算如下所示：

$$\boldsymbol{x}^T \boldsymbol{y} = \sum_{i=1}^{n} x_i y_i$$

在点乘运算中，你需要先将两个向量相同的位置的元素彼此匹配，然后将它们相乘，并把总数加起来。向量点乘会在输入两个向量后得到一个数字，即可以将向量转换为标量。

练习：一个向量和它自己进行点乘

假设$\boldsymbol{x}=\boldsymbol{y}$，请写出点乘计算的公式，这个公式令你想到了什么？

它是否让你想到了向量长度的方程式（方程式 9.1）？将向量和自己点乘的结果取平方根就可以得到该向量的长度。

73

矩阵乘法

为了方便记忆，你可以把矩阵乘法看作重复地计算向量的乘积，其中向量代表了矩阵的列或行。当我们将一个向量与一个矩阵相乘或将一个矩阵与另一个矩阵相乘时，第一个矩阵的列数与第二个矩阵的行数相等。

在下面的矩阵乘法练习中，我们需要从左边的矩阵取第一行［1，2］匹配到右边矩阵的第一列［1，2］。将对应位置上的数字相乘（1×1，2×2），以此得到新的矩阵（1，1）位置上的数值。即使用第一个矩阵的第一行和第二个矩阵的第一列来计算点积，其他位置上的元素也可以类似地进行计算得到。需要注意的是，当你看到一个矩阵的索引坐标，如（2，3），第一个数字总是代表所在的行。

如果你不确定，尝试对这两个矩阵进行乘法运算，看看会遇到什么问题。

练习：矩阵乘法

利用传统的编程语言编写一个函数来计算两个矩阵之间相乘的结果：

$$\begin{bmatrix}1 & 2\\3 & 4\\-4 & 6\\-2 & 3\end{bmatrix}\begin{bmatrix}1 & 3 & 2 & 3\\2 & 4 & 4 & -2\end{bmatrix}$$

当然，你也可以直接使用表格中的“MMULT”函数轻松地获得矩阵的乘法结果：

$$\begin{bmatrix}1 & 2\\3 & 4\\-4 & 6\\-2 & 3\end{bmatrix}\begin{bmatrix}1 & 3 & 2 & 3\\2 & 4 & 4 & -2\end{bmatrix}=\begin{bmatrix}5 & 11 & 10 & -1\\11 & 25 & 22 & 1\\8 & 12 & 16 & -24\\4 & 6 & 8 & -12\end{bmatrix}$$

根据上述练习，试图找出下面这两个矩阵不能相乘的原因：

$$\begin{pmatrix} 1 & 2 \\ 3 & 4 \\ -4 & 6 \end{pmatrix}\begin{pmatrix} 1 & 3 \\ 2 & 4 \\ -4 & 4 \end{pmatrix}$$

如果你不确定，尝试对这两个矩阵进行乘法运算，看看会遇到什么问题。

这两个矩阵不能相乘，是因为它们的大小不匹配：左边矩阵的列数不能与右边矩阵中的行数相匹配。在我们以往学习的乘法运算中，任何一个标量都可以与其他数相加或相乘，但对于向量和矩阵而言，加法和乘法运算对于向量和矩阵的大小都有一定的要求。

矩阵乘法与传统的乘法运算还有一个区别：在矩阵乘法中相乘的两个矩阵的顺序很重要。如果在乘法中改变矩阵的顺序，就不一定得到相同的答案。这里请试着猜一下，两个矩阵必须是什么形状的，才可以调换乘法运算的顺序？为了证明乘法顺序对结果的影响，试着用铅笔和纸或电子表格计算下面两个矩阵采用两种不同的乘法顺序（$\boldsymbol{AB}$和$\boldsymbol{BA}$）得到的结果。

74

$$\boldsymbol{A}=\begin{pmatrix} 1 & 2 \\ 3 & 4 \end{pmatrix}$$

$$\boldsymbol{B}=\begin{pmatrix} -1 & 2 \\ -3 & 4 \end{pmatrix}$$

单位向量

在实际应用中，向量的长度常常与研究者所关注的问题无关，并且向量的长度如果参与计算中，可能会影响我们判断向量间的关系。为了消除长度带来的影响，你可以进行标准化处理，让所有的向量大小相同。单位向量的公式如下所示：

这里我们把向量命名为$\boldsymbol{u}$，这样读者就不必认为向量只能命名为$\boldsymbol{v}$了。

$$\boldsymbol{e}=\frac{\boldsymbol{u}}{|\boldsymbol{u}|}=\frac{\boldsymbol{u}}{\sqrt{\sum_{i=1}^{n}\boldsymbol{u}_i^2}}$$

试着思考一下，标准化处理后向量的长度是多少？

在对一组向量进行标准化处理后，它们的大小将会统一。在此基础上，我们如何测量它们之间的距离呢？这是距离指标的另一个例子。如果所有向量的出发点都固定在坐标系的原点上，并且它们的长度都相同，那么它们之间唯一不同的地方就是它们指向的方向。我们如何计算它们之间的夹角？如果角度为零，则它们指向同一方向。如果角度是 90 度，则它们是互相垂直的。对于角度计算的问题，我们不需要拿出量角器，因为有一个公式可以将点乘与角度联系起来：

$$x \cdot y = |x||y|\cos\theta \qquad (9.2)$$

θ就是两个向量之间的夹角。了解了上述关系后，如果$x \cdot y = 0$，你是否可以推算出两个向量间的夹角？

9.5 矩阵和向量的函数

就像有的函数可以处理数据一样，也有可以处理向量的函数。还记得我们对数字函数的理解吗？函数接收一个数据，然后计算得到另一个数据。这个理解同样适用于向量函数。一个处理向量的函数需要接收一个向量，并输出另一个向量。这样的函数被称为转换（transformation）函数。转换函数实际上也是特殊的矩阵：你可以取一个适当大小的矩阵，并将其与向量相乘，就会得到一个新的向量。把矩阵看作函数，一开始可能会产生一些困惑，但如果你能很好地理解它，将有助于后续的分析。因为理解这一点，就可以更普遍地理解函数的作用，而不再需要理解一个冗长的数列表。为了帮助你理解这种思路，下面有一个例子，请思考该矩阵与任何二维向量相乘时的作用：

75

$$\begin{bmatrix} 4 & 0 \\ 0 & 4 \end{bmatrix}$$

提示：试着将θ设为90度，然后思考答案（思考的时候不要忘了向量既有大小又有方向）。

另一个例子，下面这个矩阵会产生什么样的作用？

$$\begin{bmatrix} \cos\theta & \sin\theta \\ -\sin\theta & \cos\theta \end{bmatrix}$$

9.6 测试你对本章知识的掌握情况

为了帮助你巩固上述知识，这里列出了一些问题供你思考，在回答问题的过程中可以使用任何教科书，甚至上网搜索：

1. 矩阵可逆是什么意思？
2. 什么是矩阵的转置？
3. 什么是外积？利用电子表格软件或其他计算机程序编写执行外积计算的程序。
4. $[\boldsymbol{AB}]^{\mathrm{T}}$等于多少？（答案由矩阵$\boldsymbol{A}$和$\boldsymbol{B}$构成。）

9.7　总结

本章帮你初步了解了向量和矩阵的一些基本概念，为后续学习神经网络计算打下了基础。此外，本章还介绍了一些常用的符号和概念。在之后的章节中，我们将引入神经网络背后的重要思想，并构建简单的神经网络模型。

第10章 插曲：交互式计算

交互式计算是一种非常常见的编程方式。交互式编程不像命令行或函数那样代表了一种语言类型，它代表的是一种编程风格。在交互式计算中，我们在输入一个命令或语句后就可以立即看到运算结果。这种编程方式有利于在编程的过程中及时探索、尝试新的想法，以及对代码进行检测和调试，即检查代码的准确性。

许多现代编程语言都可以在交互模式下使用，有的可以在命令行直接进行调用，但是许多编程语言也会有一个集成开发环境（Integrated Development Environment, IDE），该开发环境中包含了交互式计算的功能。不能交互运行的编程语言通常服务于那些需要编译的程序而不是解释程序，下文则详细阐述了编译和解释的区别。

10.1 编译

编译器可以将采用某种编程语言编写的程序“翻译”为另一种编程语言编写的计算机程序。编译器需要通读（有时还需要多次通读）程序，再将当前程序使用另一种编程语言进行改写。C、C++都属于编译器，因为用C语言编写的程序需要针对当前的电脑操作系统进行编译后才能运行。例如，一个在Windows系统上能够编译的C语言程序通常无法在Linux或Mac OS X系统上运行。如果一个程序能够在Intel处理器和Linux操作系统上编译，它通常无法在同样运行着Linux系统但是使用其他类型处理器（如ARM）的手机上运行。

编译的优点是可以针对操作系统和计算机硬件优化程序，这有利于需要进行大量数值计算的程序快速运行。但是，这同时也会导致程序开发周期变慢，因为在程序开发中修改代码、编译代码和执行代码的过程非常耗时。

10.2　解释

78

解释语言可以在逐行读取代码的同时将其转换为计算机可执行的内容。由于解释语言能够动态地被实时生成和执行，因此解释语言也称为脚本语言（scripting language）。

为了实现实时运行的功能，用解释语言编写的程序的执行速度通常不如用编译语言编写的程序快。然而，现在这个问题带来的影响很小：首先，计算机功能已经变得更加强大，因此解释程序已经运行得足够快了，几乎能够被用户随时执行。其次，对于解释语言来说，随时运行可以加快开发过程，弥补了执行速度的轻微下降。这种优势尤其适合本书中编写的小程序。此外，解释语言能够以交互的方式对代码进行测试，有助于用户深入了解程序，因为你在开发的过程中可以随时检查并修改变量。最后，如果执行速度带来的问题依然困扰着编程者，还可以用编译语言重写原本用解释语言编写的程序。这种重写通常可以很快地实现，因为程序的内在逻辑已经被构建好了。

注意，许多使用编译语言的开发环境也提供了检查变量和逐步完成编译过程的工具，但一般来说，需要对计算机编程有深入的了解才能够很好地利用这些工具。

10.3　用于线性代数的解释语言

MATLAB是一种非常流行的用于矩阵运算的解释语言。MATLAB这个名称来源于“矩阵”（matrix）和“实验室”（laboratory）。MATLAB最初是帮助学生学习线性代数的工具。这个软件帮助学生很方便地使用计算机来探索矩阵的运算规律，而不需要用C语言编写冗长的三重循环（使用循环语句来编写矩阵乘法程序，通常需要进行三重循环）。

自从MATLAB被开发出来后，MathWorks公司就将MATLAB及其配套产品（Simulink）开发成一个可以用于科研和技术工作的工业级编程环境。虽然这是一个很好的平台，但它是需要付费使用的。在企业环境中，MATLAB的质量和水准有很大的优势，但对于较小的项目，使用开源的替代方案可能同样高效且成本更低。

一个可行的替代方案是Octave[1]软件。这个免费软件支持交互式的矩阵运算。实际上，Octave和MATLAB也不是仅有的两个选择，大多数编程语言都支持线性代数运算，其中许多软件包都引用了同一组优化后的Fortran函数。

10.4 与命令行交互简介

Windows、Mac OS X和Linux系统都有支持交互式编程的命令行或终端程序。你通常可以在终端的提示下输入一种语言的名称来调用对应的交互模式（如python2或octave）。如果你的电脑中已经下载了Octave程序，你可以尝试重复图10.1中的程序。当你在终端输入octave后，你可以看到“>”符号左侧的提示发生了变化，如图10.1中的提示。

图10.1演示了在Octave中输入命令、定义变量的一些基本语句。你可以自己尝试生成两个矩阵并检验乘法运算***A***×***B***是否等于***B***×***A***，只需要找到几个反例你就可以得到结论。

之后，我们还会在第12章中演示如何使用交互编程语言编写自己的函数，并将函数导入编程环境中。

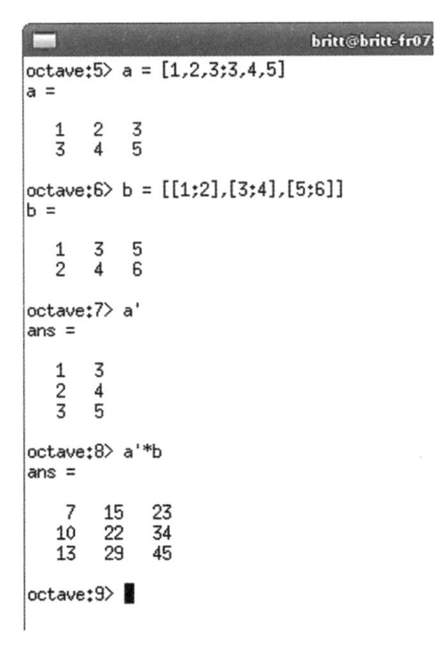

图10.1 一个交互式的Octave范例。“>”符号左侧为提示，右侧记录了输入的内容，下方为计算结果。这里演示了两种不同的矩阵输入方法：第一种（a矩阵）采用逗号分隔每一行中的元素，采用分号分隔行；第二种（b矩阵）通过将三个列向量合并生成矩阵。此外，在矩阵的运算中撇号代表转置，转置后的a′和b两个矩阵的大小相匹配，进而能够进行乘法运算，其中“*”代表乘法计算

第11章 神经网络概论

学习目标

在阅读完本章后，你可以：

- 了解神经网络的概念和用法；
- 进行简单的元胞自动机（cellular automata）计算；
- 使用感知机解决简单的分类问题；
- 认识德尔塔（delta）规则；
- 了解简单神经网络的局限性。

11.1　概述

在之前的章节中我们已经学习了向量和矩阵运算的基本原理，这些知识将作为神经网络编程的学习基础。在正式学习神经网络编程之前，我们需要初步认识一下神经网络到底是什么；以及在其数理基础之外，神经网络算法的关键思想是什么。本章将主要回答这两个问题，并基于电子表格程序实现一个简单的神经网络算法。

11.2　什么是神经网络？

这一问题的答案依赖于上下文情境以及具体的专业领域。在生物学领域，神经网络指的可能是一组真实存在的神经元。例如，人们可以在显微镜载玻片上观察一组神经元细胞，看看神经元之间是否建立了突触连接，进而形成一个神经元网络，人们还可以进一步研究该网络的性质，而在计算科学的文章中，神经网络通常指以某种方式“连接”在一起的简单元素的集合。这里的“神经”一词只是为了强调这个模型受到了神经生物学的启发，但这个神经网络与神经生物学的联系可能非常弱。神经网络模型在应用于不同领域时也会存在不同的称呼，“连接主义”或“连接主义网络”这两个术语可用于标记仅涉及行为数据（而非生物数据）的神经网络，例如，单字阅读的交互激活模型（McClelland & Rumelhart, 1981）。而“人工神经网络”（Artificial Neural Network）这个术语常常仅用于表示神经科学或神经心理学领域（而非行为科学）的模型。

神经网络可以被粗略地理解为一种函数。神经网络接受向量或矩阵的“输入”，并输出转换分析后得到的结果。在前一章中我们已经学习了向量矩阵的变换，而神经网络有时可以看作矩阵变化中的一个权重矩阵，下文也将介绍这一特点。神经网络的核心作用就是将输入映射到输出，而在实践中它们通常具有以下某些特征：

1. 神经网络思想受到了生物学的启发，但不和生物学中神经网络的性质完全一样。
2. 神经网络模型可以通过计算机程序来实现。
3. 神经网络中的节点扮演着神经元、神经元集合、大脑结构或认知模块的角色。节点具体代表什么角色，取决于建模者的需要。
4. 节点之间相互连接：连接功能相当于生物学神经网络中的“树突”和“轴突”。
5. 各个节点基于输入产生输出，神经网络的输出是所有转换操作后的集合。

神经网络有很多种形式，没有一种典型的神经网络可以代表所有神经网络类型，但所有的神经网络都存在上述的一些特性。

虽然大多数神经网络模型都受到了生物学领域的启发，但神经网络的应用并不局限于生物或认知领域。神经网络是服务于实际问题的建模方法，它在应用中并不需要真实地模拟生物学中的神经元网络。在判断某一方法是否与神经科学或心理学研究相关时，需要记得这一点区别。尽管我们常常对神经或认知科学领域的神经网络模型感兴趣，但该模型并不仅仅适用于这些领域。

在刚开始的学习中，读者可能会很自然地认为神经网络中的单个节点扮演着神经元的角色，但实际上节点可以代表很多种元素。我们可以将神经网络中的节点视为单个神经元，将输入视为类似于单个树突的形式，也可以将节点视为神经元群或甚至认知模块。换句话说，神经网络在节点水平上是否真实地还原了生物学中的神经元网络是无关紧要的，我们并不需要将网络的节点与大脑的神经元一一匹配，我们可以使用神经网络来处理一些更抽象的神经或认知功能概念。

11.3　神经网络模型的历史

在计算时代之前，就已经有研究者利用神经元的特点来处理抽象的概念。神经生理学家沃伦•麦卡洛（Warren McCullough）和沃尔特•皮特（Walter Pitts）的合作是最早的代表之一（McCulloch & Pitts, 1943）。他们在1943年提供的一个数学证明说明了像神经元这样的概念在原则上可以被用于任何可计算的函数（另见第17章和第19章关于图灵的介绍）。虽然这些思想先于计算机的兴起，但正是随着计算机的出现，神经网络才开始得到更广泛的关注和应用。计算机之父约翰•冯•诺依曼（John Von Neumann）意识到了数字计算机和大脑之间的相似性，同时也了解过麦卡洛和皮特的工作以及他们提出的双极性、可开可关的神经元概念。冯•诺依曼在一系列的讲座中都讨论过这一主题（Von Neumann, 1958）。冯•诺依曼的思想和见解在今天仍然值得一读。下文的方框中也简要介绍了冯•诺依曼的生平。

约翰·冯·诺依曼（1903—1957）

约翰•冯•诺依曼的身上集合了超凡的智力和快乐，他出生于20世纪初，是一位伟大的匈牙利数学家。他是一名神童，8岁时就学习了微积分，并在一名家庭教师的帮助下掌握了德语和希腊语。在20岁之前他在公立学校学习，并在私人辅导下发表了数学论文。他获得了数学博士学位，同时，为了满足父亲的期望，他还获得了化学工程学位。事实上，他获得这两个学位的大学位于两个不同的国家，这似乎不是太大的问题，因为他在22岁就获得了博士学位。

1930年，他来到位于新泽西州的普林斯顿高等研究所（阿尔伯特•爱因斯坦和库尔特•戈德尔也曾在这里工作）工作，后来他成为美国公民，并在那里继续进行纯数学领域的研究，他的工作同时也对纯数学之外的领域有着很大的帮助。他与奥斯卡摩根斯坦一起在很大程度上开创了博弈论领域，明确了博弈论与经济学及其他应用领域的关系。他也为美国核武器的制造做出了贡献。在学术上做出这些突出贡献的同时，他的社交也很广泛。除此之外，可以说他还发明了计算机科学，提到了自我复制的机器的可能性。

他后来死于脑癌。冯•诺依曼不信教，死亡的不确定性给他带来了巨大的焦虑感和不安感。即使在病床上，他的记忆力依然很出色，据说他还通过背诵歌德的《浮士德》一书中特定页码上的内容来放松和娱乐。

冯•诺依曼很明确地阐述了简单的开关元素集合和大脑之间的联系，而弗兰克•罗森布拉特进一步把它们带入了心理学领域中（Rosenblatt, 1960）。他强调了计算和学习之间的联系。学习可以是自动的且基于规则的，并且可能会带来各种有趣的结果。罗森布拉特（1960）的研究对计算的依赖性甚至可以从其附属机构中看出：康奈尔航空实验室（Cornell Aeronautical Laboratory）。

11.4 局部交互中的全局性

神经网络有全局和局部之分。除了整个网络模型会为输入产生输出之外，每个节点也会产生对应的输出。单个节点通常无法获取网络的全局状态，甚至无法获知编写这个网络的目的。但是它可以利用独特的规则来处理局部输入，并通过指定的连接将它的输出发送到其他节点，让输入在系统中的节点之间依次传递。神经网络可以看作多个元素的集合，每个元素都有一个处理输入以产生输出的本地规则，在此基础上，还存在一个矩阵编码网络中节点之间的连接。网络的“意义”则来自网络之外，来自我们用户和程序员：除非程序编写中有错误，否则网络总是能够给出答案，但是答案是否“有用”则取决于我们的具体要求。

换言之，神经网络是一些各自遵循着本地规则的元素的集合，在此基础上神经网络可以产生一些有趣的全局输出。但是输出是否有价值取决于神经网络背后的人。神经网络的这一特点和足球场观众做“人浪”的过程有些相似：其中每个旁观者都遵循本地规则。当他旁边的人站起来时他站起来，当旁边的人坐下时他也坐下。对他而言存在着一个局部规则，即“如果这几个人站着，我就站着；如果他们坐下，我就坐下”。观众接受的输入是身边人站着还是坐着，他产生的输出是他站着或坐着。但基于这个局部的规则，我们在总体中可以看到一个波浪在体育场中起伏，这个波浪就类似于神经网络中所产生的全局行为。我们从外面（如体育场的大屏幕上）可以看到全局的结果，而这结果依赖于体育场中每个个体的局部规则。

11.5 元胞自动机

在这一节中我们会演示一个神经网络程序，帮助读者了解本地元素的规则和输出会如何影响神经网络的整体输出。这个简单的例子使用纸和笔就可以实现。网络中每个元素的行为将由附近元素的行为决定，而这些本地元素并不都知道整个网络希望产出什么结果。因为连你自己都不会事先知道整体目标是什么，那么一张纸上的元素怎么可能知道呢？

这个练习使用的模型叫作元胞自动机（Cellular Automata）。元胞自动机与神经网络有许多共同点：拥有局部元素、局部规则、元素间的连接和全局输出。元胞自动机被认为是一个通用的计算框架，在冯•诺依曼的《大脑》一书中也有提及。

在练习中，你需要准备一张表和一条局部规则。从图表的第一行开始，需要指明一个单元格中的颜色如何受到其正上方三个单元格的颜色的影响（见图11.1），类似于足球赛上的观众决定站着还是坐着的规则。如图11.2所示，表格上的每一个单元格是空白还是着色取决于上面的三个单元格（1，2，3）。

85

1	2	3
	?	

图11.1　在元胞自动机练习中，你可以根据其上方的这三个单元格来决定是否应该对网格中的特定单元格上色

练习：元胞自动机

1. 从图11.2中的选项中选择一个规则。
2. 绘制一张表格，并为表第一行最中间的一个单元格涂上颜色。
3. 根据你选择的规则从左到右地处理第二行中的每个单元格。在这一行中，除了中间的三个单元格外，每个单元格都不会被处理，因为图11.2中的四种规则都指出如果一个单元格有三个上面未着色的单元格，该单元格仍然不需要着色。而你如何处理将会受到具体规则影响的中间的三个单元格？例如，对于规则60，当第1行只有中心单元格被着色，其下方的单元格也将被着色，其右侧的单元格也将被着色。
4. 重复这个过程直到你能清楚地发现元胞自动机的结果规律。
5. 比较使用不同规则得到的结果。

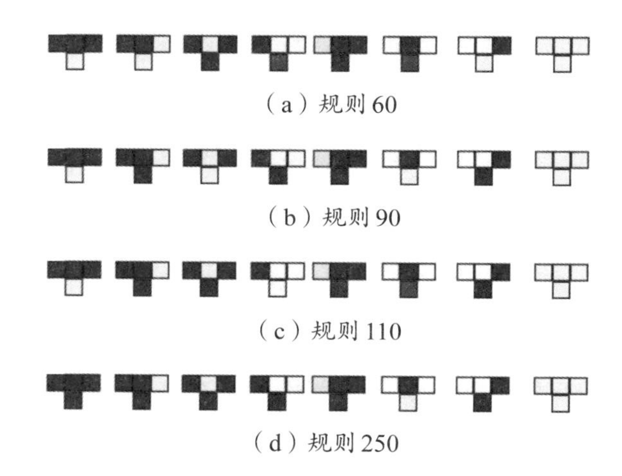

图11.2　在元胞自动机练习中，你可以根据单元格正上方和正上方左右两侧的三个单元格来决定是否应该对该单元格上色。以规则90为例，如果一行上的三个单元格都被涂上了颜色，那么下行正中的单元格不应当上色。在对每一行上色时需要从左到右进行，是否上色取决于该单元格上面的三个单元格，根据上面三个单元格找到规则中对应的图案，将正在处理的单元格染色或保留白色。然后向右移动一个单元格并重复此过程。在每行上色结束后，需要从下一行的左侧第一个单元格开始重复此过程

这一练习表明，通过一致地应用简单的规则，就可以输出一个有规律的整体结构。类比来看，一个神经元也是从其附近的一部分神经元接收到输入，进而计算是否会出现尖峰。这里尖峰指代一个决策，比如是否给一个单元格上色。而在这个过程中神经元不需要知道全局目标就可以正常工作。基于这种简单的局部规则就可以自动得到全局的结构。

> 这有多少种规则？这涉及组合计算，首先你需要知道有多少种可能的输入：有三个单元格，每个单元格可以是未上色或上色的（2×2×2＝8）。再基于此进一步计算每种规则对应了多少种输出模式。

这个例子还展示了神经网络中的许多组成部分：每个单元格代表一个节点。它接受输入，输入即上面三个单元格的颜色，基于输入和规则计算出输出，输出即该单元格的颜色。单元格之间的连接也被隐含在这个练习中：每个节点（单元格）与上方的三个节点相连接，这三个节点用于为它提供输入，同时每个节点也与其下方的节点相连接，它的输出用于为下方节点提供输入。如果我们改变了连接或着色规则，进而就会改变网络。在这里我们仅仅选用三个单元格的规则来演示，事实上，冯•诺依曼使用过一种不同的、更复杂的架构。一些数学家认为，这类简单的程序实际上可以模拟所有复杂世界中的情况（Wolfram, 2002）。

86

11.6　感知机

尽管元胞自动机的例子拥有了神经网络的许多特征，但它并不是人们所提到的神经网络模型。为了引入神经网络编程，我们将从一个最古老和最简单的例子开始：罗森布拉特的感知机。*

罗森布拉特使用了我们之前介绍过的规则，并对其进行了一个重要的改动。他为这些元素提供了一种改变或学习规则的方式。他扩展了自动执行的局部规则的范围，例如，根据经验修改节点的输出。这一思想被扩展到许多其他类型的网络。通常，节点之间的连接强度是网络中的重要元素。罗森布拉特的网络也是如此，连接关系存在于每层节点之间，而这些节点将外部世界的输入信息传送到感知机中。

神经网络学习机制可以分为有监督和无监督两类。有监督学习中存在正确答案，每次运行神经网络算法后，可以通过对比网络的输出和正确答案来评估网络的性能。这种比较可以为网络提供反馈，这些反馈将进一步调整网络未来的输出，从而使网络输出更接近正确答案，这个调整过程可能是自动化的。监督的概念是指调用了网络外部的东西，这些东西“知道”网络应该输出什么并教给它，就像班主任监督着学生一样。无监督学习算法则通过一种自动化的方法调整未来的网络输出，这种方法不要求网络能够获得“真实、正确”的答案。第 13 章将会介绍一种无监督学习的神经网络：霍普菲尔德网络。

87

神经网络与向量矩阵的联系

我们常常会把神经网络概念化为一个图形结构，甚至是真实世界中的东西，一些球和弦拼贴组成的东西（见图 11.3）。虽然这种具象化对于设计神经网络模型是有

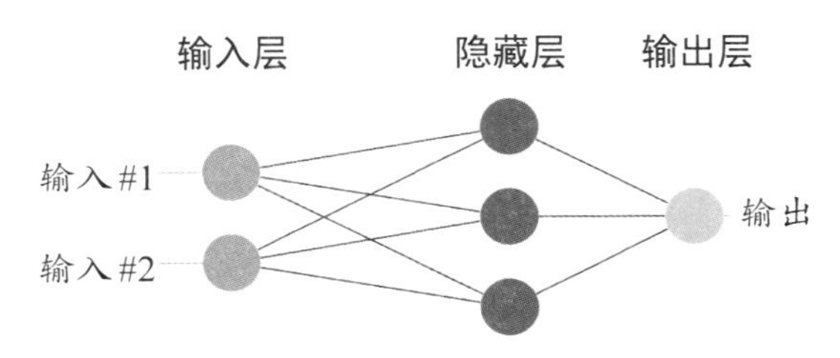

图11.3　一个简单的神经网络结构。两个输入单元将数据传递给三个中间的“隐藏”节点中的每一个。反过来，在处理其输入后，三个隐藏节点中的每一个都将其输出发送到输出单元。这个单元计算出网络的最终输出。对于一个有监督的网络，这个输出与所需的输出进行比较，并用于更新节点之间的连接强度

* 感知机的名字源于自动机和感知的结合。

用的，但是只有深入了解网络背后的计算过程才有助于学习神经网络编程。神经网络本质上只是数字和方程，而了解那些数字和方程则需要有一定的线性代数基础。

对于图 11.3 中的图形结构，输入两个数字。我们可以将这两个数字表示为二维向量，例如，

$$\begin{bmatrix} 1 \\ 0 \end{bmatrix}$$

其中每个输入层中的节点都会连接到每个隐藏层中的节点。我们可以想象出一个门的存在，它可以过滤隐藏节点接收到的输入。这个门叫作权重。如何用矩阵表示调整每个输入节点到每个隐藏单元的连接强度的权重？请记住，我们可以将神经网络描述为将输入向量转换为输出的函数。在这种情况下，隐藏层的输出将是三维矢量，而可以转换的是矩阵。因而权重可以表示为权重矩阵。例如，

$$\begin{bmatrix} 0.5 & 0.2 \\ -0.3 & 0.7 \\ 0.01 & -1.1 \end{bmatrix}$$

88

这些数字并没有什么特别的含义，只是为了让这个例子具体化。因为我们要处理向量和矩阵，所以我们必须确定矩阵的行还是列代表着向量。因为乘法的顺序很重要，所以我们还必须决定权重矩阵是在向量的左边还是右边。这些是我们在用线性代数语言编程网络时就需要了解的规则。

在这个例子中，我们已经定义好了权重矩阵的每一行元素，而每一个隐藏节点都代表一行，每一行中的两个数字分别表示它与顶部和底部输入节点连接的权重。每个输入节点和每个隐藏节点相互连接。例如，矩阵中第二行第一列中的元素表示将第一个输入节点连接到第二个隐藏节点的权重。为了使输入节点和隐藏节点匹配对应，我们将矩阵放在左侧，与右侧的列向量相乘（你能够计算答案吗？）。我们可以用图 11.3 这样的图形表示这一系列的运算。上述解释用文字详细地演示了神经网络算法背后的逻辑。

神经网络与几何

之前的章节已经提到了我们可以把向量看作一个几何对象，即一个有方向和长度的箭头，同时还可以把矩阵看作转换函数。这种几何思维对于理解神经网络的运算非常有用。这种思维方式说起来容易，做起来难，但如果我们成功内化了这种思维方式，就可以将神经网络的输入可视化为指向空间某个方向的箭头。类似地，我们可以将

隐藏节点的输出答案是：
0.5，−0.3，0.01。

权重矩阵看作在空间中移动（转换）向量的一种方法。重复地使用权重来处理输入向量，将形成一个输入向量变化的轨迹，即空间中向量的迁移路径。我们将神经网络的学习过程可视化为在空间中移动网络中的成分。为了深入了解这种可视化操作，我们需要使用铅笔和纸张来演示一个感知机模型：

感知机学习规则

$$I=\sum_{i=1}^{n} w_i x_i$$

$$y=\begin{cases}+1, & I \geqslant T, \\ -1, & I < T。\end{cases}$$

$$w_{新}=w_{旧}+\beta \boldsymbol{y}\boldsymbol{x}$$

$$\beta=\begin{cases}+1, & 答案正确, \\ -1, & 答案错误。\end{cases}$$

我们会尝试用文字解释一下感知机的学习规则。Σ 是加和符号，要加起来的东西是由符号的右侧内容和上标指定的。这条规则将输入的权重（$\boldsymbol{w}$）与输入的值（$\boldsymbol{x}$）相乘，然后将所有值相加，这个计算过程类似点积。运行完这个计算还需要将得到的值 I 与阈值 T 进行比较，感知机的输出取决于它是否高于阈值。我们可以使输出二进制化（1 或 0），但这里使用 1 或−1 的双极系统更为方便。阈值取决于研究者的选择，但我们通常会使用零。接下来，我们需要将感知机的输出与正确答案进行比较，即进行有监督学习。感知机的权重值会根据输出、正确答案以及我们之前使用的权重进行上下调整。不断重复应用这些规则后，我们就可以找到正确的答案。

这个规则展示了许多神经网络程序的另一个特点：节点的处理通常包括两个阶段。首先，每个节点根据它接收到的输入进行矩阵运算，将权重向量与输入向量相乘，得到输入的加权和。之后需要进行非线性转换，这个转换函数将会把网络的输入转换为节点的输出。非线性是指输入转换为输出的图形非线性：x 轴上所有小于 T 的值都将是−1，而在 T 处及其右侧的值都为+1。这样的函数又称为“分段函数”。

我们的实例演示将会使用单个感知机模型。诚然，这个神经网络模型非常小，但我们需要从一个最简单的例子来认识感知机，之后对感知机的介绍会随着问题的需要和理解的提高而更为复杂。为了更加具象化，我们可以使用一个两层的网络，其中第一层是输入单元，将外部世界和感知机所能理解的语言连接起来。

练习：感知机手算

利用以下输入（表 11.1）和正确输出，训练单个感知机以解决此分类问题，初始权重为（−0.6，0.8）。

表 11.1　感知机练习数据（改编自 Caudill & Butler, 1992）

类	输入1	输入2	正确输出
A	0.3	0.7	1
B	−0.6	0.3	−1
A	0.7	0.3	1
B	−0.2	−0.8	−1

为了帮助大家开始这个练习，下面演示了第一步的操作过程：

$\boldsymbol{w} \cdot \boldsymbol{A}_1^{\mathrm{T}} = -0.6 \times 0.3 + 0.8 \times 0.7 = -0.18 + 0.56 = 0.38$

90 因为$I = 0.38$大于或等于 0，$y = +1$和$\beta = +1$，所以答案是正确的，即我们观察到了表中列出的期望输出。下面进一步演示了如何应用上述的感知机学习规则来更新权重：

$$[-0.6,\ 0.8] + (+1)(+1)[0.3,\ 0.7] = [-0.3, 1.5]$$

你可以自己尝试对剩下的三行数据分别进行相同的操作之后，检查最终的权重是否正确地将四个测试模式分为其各自归属的两个类。通过比较y和正确输出，确定是否需要进一步更改权重向量（见图 11.4）。

11.7　另一种学习规则：德尔塔规则

不同类型的神经网络可以沿着不同的维度发生变化，比如改变学习规则。例如，德尔塔规则就和我们之前介绍的感知机学习规则不同。德尔塔规则更精细地使用了类似于感知机的节点。德尔塔规则中利用了错误信号，错误信号是指我们在生成输出时出错的量，即正确的输出减去神经网络中节点实际计算得到的输出，这个值又称为误差。在学习过程中我们会根据这个误差值来更新权重。在某种程度上，德尔塔规则的使用类似于线性回归模型中回归系数的估计过程。在线性回归中，我们会

91 对自变量进行加权，然后将它们相加得到因变量的估计值。在这个过程中，我们需

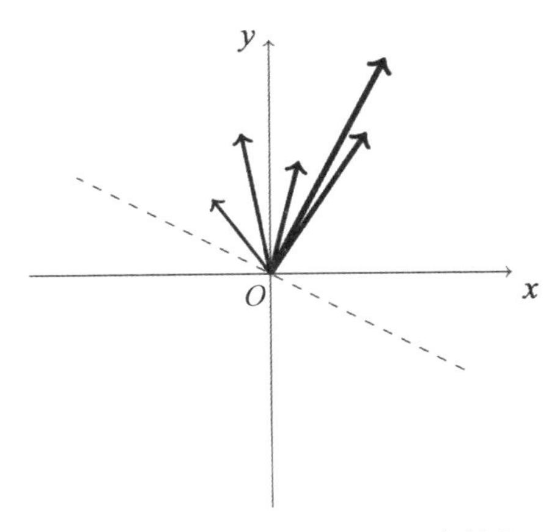

图11.4　图解感知机的权重向量。此图使用笛卡尔平面上点的（x, y）来反映权重向量的两个值。随着感知机在学习过程中不断迭代，直线不断变粗，从图中你可以看到直线方向的变化，这也反映了将矢量解释为指向空间的箭头的几何思维。虚线显示的是与最终权重向量垂直的方向，即决策平面。以这个平面为划分，在与权重向量相乘时，与权重向量在同一侧的每个点将输出一个正值，而在另一侧的每个点将产生一个负值，即两个向量点积的正负性和它们之间夹角的余弦之间有关系（见方程式9.2）

要获得能够更准确地对因变量进行估计的权重值。同理，德尔塔规则的作用也是为节点的输入找到正确的权重，从而产生正确的输出。

在使用数据训练网络的过程中，可能会出现过度拟合的问题。为了避免这个问题，我们可以选用一组特定的数据来训练我们的神经网络，在训练的过程中需要尽可能地使它检测到一些规律，进而提取出区分两类输入的一些一般特征，但这些特征需要能够推广到整个数据中，而非仅适用于我们选用的这一批训练样本。

为了控制过拟合的风险，分别需要一个训练集和一个验证集。我们通常可以将可用的数据任意分成两部分：一部分用于训练，一部分用于验证。

接下来，我们将演示训练和验证模型的过程，以及展示如何使用德尔塔规则。

练习：德尔塔规则的训练和验证

这个练习包括多个步骤，可能需要一点耐心。我们会先介绍练习的目标，以帮助你更好地理解这些步骤。首先，我们需要引入代理数据（surrogate data）的概念，代理数据是指根据特定目标所生成的模拟数据。我们需要生成训练和验证的样本。希望你可以使用随机数来生成数据，而不是手动编写一个特定的示例数据。在生成数据时记得设定随机数种子，随机数种子允许你在重复运行数据生成的程序时得到相同的数据集。在此数据的基础上我们可以训练一个简单的神经网络分类器。

在生成数据中，我们需要用随机斜率和截距定义一条直线，再基于这条直线生成两类点，一类点在直线上方，另一类点在下方，即分别代表了两个刺激类。我们将使用10个样本（直线上下两个类别中的各5个点）来训练，另外10个（同样是每个类别中的5个点）进行验证。

1. 使用电子表格程序中的random函数[例如，= rand()]生成直线的随机斜率和截距，然后需要通过复制粘贴来保存这两个值，以防止每次更新电子表格时随机值发生变动。

2. 使用随机函数生成20个随机的x值。你可能希望这些数位于−20到20之间[或类似的其他范围，例如，= rand()*40-20]。

3. 使用直线方程（$y = mx + b$，用你的随机斜率和上面的截距代替）来计算你随机选择的每个x的位置对应到直线上的y值。

4. 同样使用random函数，随机选取一半的y值将它移动到直线上方，另一半移动到直线的下方，记住复制粘贴以保存y值。

5. 创建新的一列值，用该列对点的类别进行编码：在直线上方的点编码为+1，直线下方的编码为−1。

6. 使用每个类别的前五个样本作为训练集，保留剩下的样本以供验证。

7. 在我们建立的神经网络模型中，除了需要输入x和y的样本之外，还需要第三个输入，叫作偏差，它也会有一个权重。我们可以将“偏差”设置为1。

8. 为了计算节点的激活情况，请将三个输入（x，y和偏差）与最初随机生成的三个权重（w_1，w_2，w_3）相乘，并对结果求和。我们将阈值设置为0，并根据输出是否大于或等于阈值或小于阈值进行编码。

9. 使用德尔塔规则（方程式11.1）在每次计算后更新权重向量。

10. 使用一个三维的权重向量作为分类器。观察每次训练后权重向量发生的变化。

11. 重复上述计算过程和对权重向量的更新，直到这个神经网络模型正确地对所有的训练样本进行分类。

12. 然后“冻结”权重向量，即让它们不再改变。检验这个训练出来的神经网络对验证集中的样本进行分类的效果。

$$\Delta w_i = x_i \eta(\text{desired} - \text{observed})^* \quad (11.1)$$

德尔塔规则的意思是，用真实值（如，假设我们正在对一个属于类别＋1的样本进行训练，＋1即真实值）减去我们训练得到的值（如，0），然后将这个误差值乘以学习率η，η（读作"eta"而不是"nu"），学习率通常是一个很小的数，比如0.1。最后，将结果与输入x_i相乘。由于我们的输入有多个元素，需要下标i标记我们使用的是哪个元素，之后将这些元素相乘，得到权重需要变化的值Δw_i，所有这些都可以在电子表格中完成。如果你知道如何使用宏，你可以更方便地重复这些步骤。在第12章中，我们将向你展示如何使用Octave来编程。

当感知机正确地将所有的训练样本进行分类时，德尔塔规则如何保证权重停止变化?

其他例子

在实现了上述步骤后，我们可以将训练点放在离决策线较近或较远的地方，检查验证集中神经网络模型分类的准确性如何。此外，我们也可以探究分类的准确性是否与训练集的样本量有关。读者也可以画出与最终权重向量成90度角的直线，并查看它与真实答案（即用于生成两类数据而划分的那条随机线）是否接近。此外，还可以探索感知机和支持向量机（Support Vector Machine, SVM）之间的相似性（Collobert & Bengio, 2004）。支持向量机是一种常用的数据分类和聚类方法，它会从多个类中找出合适的向量来正确地划分包含着大量向量的空间。支持向量机广泛应用于机器学习应用中，了解它对于扩展我们在感知机模型中学到的思想非常有帮助。

93

11.8　为什么感知机不是神经网络的唯一类型?

为了得到这个问题的答案，首先可以思考一个更简单的问题：为什么我们在刚才的练习中使用一条直线来划分两个类别？当我们使用一条线作为两个类之间的边界时，这些类将变成线性可分的。线性可分性质在神经网络领域有着重要的应用。图11.5展示了线性可分性。

当我们使用一个类似感知机的神经网络单元时，该单元基于与权重向量成90度角的平面进行决策：该平面一边的所有点都高于零阈值，另一边的所有值都低于零阈

* desired代表每对（x，y）对应的真实类别（+1，−1），observed代表计算出的观测值。

值。正因为如此，感知机只能正确地分类那些能被某个方向上的某个平面所分离的数据，即感知机仅限于解决线性可分问题。

在 1969 年出版的《感知机》一书中，闵斯基（Minsky）和佩珀特（Papert）证明了感知机仅限于这类线性可分问题。更重要的是，他们发现许多明显容易解决的问题其实并不是线性可分的。图 11.5 右侧所示异或（XOR）问题就是非线性可分问题的一个例子。由于人们认为有趣的问题可能是非线性可分的，反而阻碍了神经网络领域的发展，限制了近 20 年来神经网络模型的研究和发展。

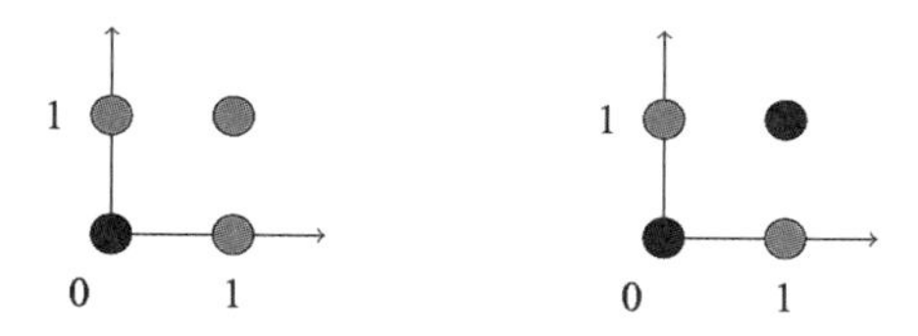

图 11.5　线性可分性。左图有一个OR函数的示意图。例如，苹果和橘子两种食物，对于这两种食物，我们都可能有或者没有。如果都没有，就输入0；如果有其中一样，就输入1。其中每一点都对应一种拥有苹果和橘子的情况。如果其中一个点是灰色的，这意味着我们有苹果或橘子。右图则演示了XOR布尔运算。只有当我们有苹果或橘子中的一样，而不是两者都有时，点才是灰色的。在右图中，不可能画出一条直线来分隔黑色和灰色的点

为了克服单层感知机网络的局限性，研究者们发展出了多层感知机网络。基于单层感知机可以提供一个决策平面，多层感知机可以引入多个平面，而这些平面的组合可以有效地将空间划分出求解许多非线性可分问题所需的分区。

图 11.6 说明了它是如何工作的。我们可以使用多个感知机来训练数据的多个子集，并测试感知机之间的组合方式，以找到合适的连接集。多层感知机的构建使感知机解决问题的能力更加强大和普遍。然而，它们的实用性受到以下限制：我们必须知道如何训练每个子集，即我们需要知道正确的映射方式才能正确地分隔数据集。

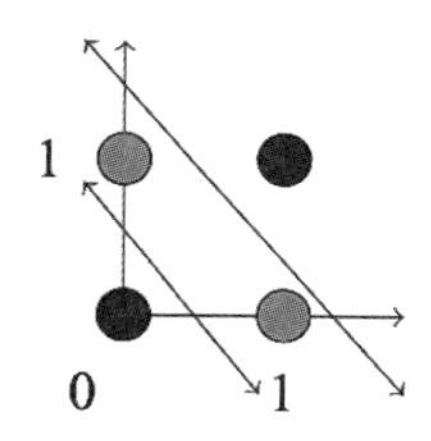

图 11.6　多层感知机。这也是XOR问题。请注意，其中两条线隔离了灰色的点和黑色的点。如果我们有一个OR感知机可以对下面这条线上方的所有点进行分类，还有另一个感知机（如何用布尔术语加以表示，请参阅第17章）对其下方的点进行分类，那么我们就可以将第一个感知机的输出反馈给另一个感知机，再利用这个感知机对下面这条线以上和上面这条线线以下的点进行分类，这就解决了异或问题

为了巩固上述知识点，你可以尝试自己解决异或问题。如果你对解决该问题所需的决策平面有很好的理解，那么通过一点练习和试错，你就可以找到利用三层感知机网络（两个在第一层，一个在第二层）解决异或问题的权重集。

11.9　总结

神经网络为神经学家和心理学家提供了一种灵活的计算工具，它们可以用于非常实际的问题中，例如寻找数据中的簇或对复杂数据集进行分类，我们将在第 13 章中进一步介绍这些问题。神经网络可以以非常原始的方式探索基本的认知功能，也可能会帮助我们在功能层面上探索认知和神经运作的原理。

尽管我们仅学习了神经网络的最初或最基本的例子，但这已经足以说明这种方法的一些优点和缺点。其优点包括，它证明了简单的规则经过适当的连接和训练，就可以产生复杂的行为，而它的缺点包括实际的训练过程可能需要很长时间。此外，尽管特定网络可以解决问题，但网络工作的内在“推理过程”可能是不透明的，在某种意义上，它反应在节点之间的权重（连接强度）模式中。另一个缺点是，模型可能会产生过拟合现象。在这种情况下，模型会受到数据噪声的影响。换句话说，从模型学到的规律可能是仅仅适用于当前数据集的，而无法很好地推广到其他样本中。

95

在第 13 章中，我们将会学习霍普菲尔德网络。这是一个节点之间相互联系相互作用的网络，它有记忆和纠正错误的能力。这个网络很好地体现了跨学科研究的特点，霍普菲尔德网络展示了数学和物理学的工具是如何被引入心理学的，而且它能够以非常明确的方式进行证明推理，这是自费希纳（Fechner）以来所有研究者都无法做到的。

第12章 插曲：使用Octave软件练习德尔塔规则

练习德尔塔规则所需的许多指令很难在基本的电子表格中进行练习。为了具体地展示如何在交互式编程环境中进行练习，下文中我们将使用Octave编程语言进行演示。

12.1 基本语法

在第8章中我们介绍了如何用计算语言编写函数。在这里，我们首先会通过编写几个函数来回顾这些操作，以方便我们进行后续的德尔塔规则练习，我们将在交互式会话的命令行中练习这些函数。

列表12.1 Octave中一个简单的函数

```
function [m, b] = mkLine ()
  m = rand () ;
  b = rand () ;
endfunction
```

第一个函数展示了Octave编程的基本语法。它以关键词function开始，以endfunction结束，在其中，我们需要命名等号左侧的输出参数、函数的名称，以及等号右侧的输入参数。这里没有输入参数，即括号内是空的，函数内我们使用Octave软件内置的函数rand()生成两个随机数。我们将这两个随机数赋予等号左边的变量，即该函数将要返回的两个变量m和b。最后要注意的是分号的使用，分号被用于抑制输出，而如果没有分号，Octave会将每行的结果都输出到我们的命令终端。你可以尝试不使用分号来构建上面的函数，然后打开终端并用source函数获取函数文件，观察它和使用分号的函数的差异。

98

带解释器的计算机编程语言会为你提供一种将代码加载到当前解释会话中的方法。关键词通常类似于“load”“source”或“read”。Octave软件使用source。如果需要调用文件myOct.m（“.m”是Octave文件的扩展名），并将该文件存储在主目录中，则需要打开电脑命令行终端键入Octave以启动Octave会话，然后键入source（"home/britt/myOct.m"）以读取函数，最后，键入[slope, intercept] = mkLine()，这样你的工作区中将有两个变量用于储存随机生成的slope和intercept。下一部分我们将展示德尔塔规则所用到的其他Octave函数，并解释它们的用法。

12.2　德尔塔规则的Octave函数

列表12.2　德尔塔规则涉及的所有Octave函数

```
function [m,b] = mkLine ( )
  m = rand () ;
  b = rand () ;
endfunction

function x = mkXs （n）
  x = rand （n， 1） * 40－20;
endfunction


function ymat = mkYs （m， b， xs）
  ys = m* xs＋b;
  cl = repmat （[ 1; –1]， length（xs） / 2， 1）;
  yp = ys + 5* rand （length（xs）， 1）. * cl;
ymat = [cl , ys , xs , yp , repmat （[ 1 ]， size （xs））];
endfunction

function o = compOut （ t , wv , iv ）
  a = wv* iv ';
  if （a >= t）
      o = 1;
  else
```

```
        o = ( -1 ) ;
    endif
endfunction

function nwv = dR ( eta, obs, des, iv, wv )
    nwv = eta * ( des-obs ) * iv+wv;
endfunction

function nwv = oneLoop ( t, eta, cls, iv, wv )
99  obs = compOut ( t , wv , iv ) ;
    nwv = dR ( eta , obs , cls , iv , wv ) ;
endfunction

function nwv = onePass ( dataMat , wv , eta , t )
    for i = ( 1 : length ( dataMat ( : , 1 ) ) )
        wv =oneLoop ( t , eta , dataMat ( i , 1 ) , \
            [ dataMat ( i , 3 ) , dataMat ( i , 4 ) , dataMat ( i , 5 ) ] , wv ) ;
    endfor
    nwv = wv;
endfunction

function nwv = train ( dataMat, wv, eta, t )
    epsilon = 0.001
    owv = [ 0, 0, 0 ];
    nwv = wv;
    loopCnt = 1
    while ( sum ( abs ( nwv-owv ) ) > epsilon )
        loopCnt
        owv = nwv
        nwv = onePass ( dataMat, nwv, eta, t ) ;
    endwhile
endfunction
```

12.3 用Octave练习德尔塔规则

首先，编写上面的函数并储存为一个以“.m”为后缀命名的文件，然后打开终端并获取文件。如果你的文件内没有错误的话，你将会在Octave的工作区中拥有上述的所有函数功能。Octave还提供了一个日志功能，允许你保存会话记录，可以通过输入diary来调用日志。下面的几行内容就是会话记录中的内容。在第一行中，我们调用了函数文件，然后使用其中的一个函数创建了一条随机线，之后生成20个随机的x位置，并用这条随机线的斜率、截距和x值生成y值。mkYs（）函数会输出x值在随机线上对应的y点、调整后的y点和每个点所属的类别（输出的数据矩阵中的一行都代表一个点）：

```
octave:2> source("/home/britt/books/ICNPsych/code/octave/deltaRule.m")
octave:3> [s, i] = mkLine();
octave:4> xs = mkXs(20);
octave:5> dm = mkYs(s, i, xs);
```

Octave可以让我们很方便地根据矩阵的列或行来选择数据子集。在接下来的两行中，我们告诉Octave我们需要矩阵的前10行数据用作训练集（逗号前的数字表示行，逗号后的数字表示列，“1:10”代表我们需要矩阵的前10行，而“：”代表我们需要这前10行的所有列），后10行数据作为测试集：

100

```
octave:6> trainSet = dm(1:10,:);
octave:7> testSet = dm(11:20,:);
octave:8> saveWt = train(trainSet, rand(1,3),0.1,0);
```

训练后的输出权重为：−1.06406，2.71347，0.76049。我们可以检验它们是否正确地进行了分类：将权重与输入相乘，并设置阈值，在Octave中使用0表示False，用1表示True来重新创建类进行赋值。这行代码有些复杂，但它展示了如何检查程序是否在正常工作。在第6章中，我们讨论了如何在计算机代码中使用if语句，这里我们也使用了这种if语句的形式，但它比较隐蔽。在trainSet函数中，我们将每个元素与0的值进行比较。如果它大于零，返回的值是1；如果小于零，返回的值是0。然后我们通过数学运算把数字转换成+1或−1。这个操作（在检查每个条目的时候根据条件赋予不同的值）称为按元素的if语句。

```
octave:9> (saveWt * trainSet(:,[3,4,5])' > 0) * 2-1
ans = 1 -1 1 -1 1 -1 1 -1 1 -1
```

训练集的结果很完美，但是测试集呢？

```
octave:10> (saveWt * testSet(:,[3,4,5])' > 0) * 2 -1
ans = 1 -1 1 1 1 1 1 -1 1 -1
```

你可以发现，我们在测试集中表现得不是很好。这也展示了在一组小样本的训练集中训练出来的模型的局限性。

Octave还提供绘图功能（见图12.1），可视化的代码如下所示：

```
octave:13> h = plot(dm(:,3),dm(:,2),
dm(1:2:20,3),dm(1:2:20,4),'*',dm(2:2:20,3),dm(2:2:20,4),'d')
```

第一次使用Octave来练习德尔塔规则时可能会遇到点困难。让我们再简单回顾一下：我们创建了一个纯文本文件，其中包括了我们需要使用的所有函数，然后在Octave用source函数将函数导入交互会话中。在交互会话中，我们可以使用这些函数来练习德尔塔规则，练习中我们需要生成随机数据并运行德尔塔规则。此外，我们还可以使用Octave来绘制和保存这个练习结果，以方便我们访问或深入探索这些数据。

你觉得上述练习易于实现吗？经过这些介绍，应该可以帮助你更好地了解Octave编程和德尔塔规则。使用函数实现德尔塔规则的逻辑似乎比电子表格中的逻辑更清晰。你可以像我们一样将这次练习一步步分块进行。我们在编写了第一个函数的源代码后会进行测试，只有当它起作用时，我们才会写第二个函数。在练习中你可以先保留所有的函数名和参数，但删除函数的详细信息，然后，自己编写每一个函数，重复上述所有练习。

101

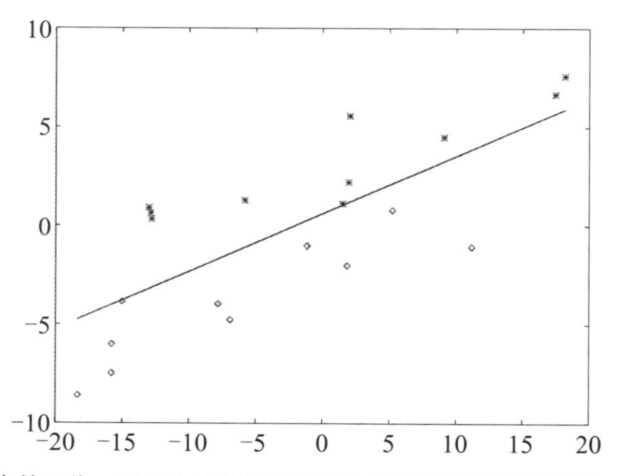

图12.1　示例数据点的图像。用于生成数据的随机线将这两个类别（星号和菱形）分开。绘图依赖于Octave软件，但同时也需要安装GnuPlot程序

第13章 自动联想记忆与霍普菲尔德网络

学习目标

在阅读完本章后，你可以：

- 了解感知机和霍普菲尔德网络的差异；
- 了解为什么霍普菲尔德网络被认为是一个记忆模型；
- 理解动力系统相关的概念；
- 学会使用不同的距离指标；
- 构建一个简单的霍普菲尔德网络。

13.1 概述

在这一章中，我们将会比较霍普菲尔德网络和感知机模型的异同，并分析霍普菲尔德网络与动力系统的关系。之后，我们还会探究霍普菲尔德网络是如何运行的，并展示如何利用物理学领域的能量概念来证明神经网络的能力。

13.2 引入

第 11 章的多层感知机包含了神经网络的核心特征，即元素（又称节点、神经元）。这些元素接收经过局部计算与阈值处理后的输入，而元素之间的连接是有权重的。尽管这些特征看起来很普通，但它允许我们灵活地设计模型，包括设计连接权重的选择和调整方式、单个节点用于计算其激活和输出的规则、网络如何利用反馈来调整反应等。

104

上述特点使得感知机方法既通用又强大，而且当多个感知机分层连接在一起时，还可以解决更复杂的分类问题。但是计算心理学家不能仅仅局限于解决特定的问题，心理学或神经科学中计算方法的目标是使用模型来回答相关的问题，进而探索特定理论方法的含义。我们的目标不是了解某个特定的网络是否解决了某个特定的问题，而是学习某一类特定的网络是否可以解决某一类特定的问题。如果不能，那么这类网络的极限在哪里？具有什么性质？正是带着这样的目的，我们才能通过计算实验深入了解认知过程。在实践中如何做到这一点呢？

为了了解这一目的，我们可以先来认识霍普菲尔德网络的简单版本，这也是本章的重点。霍普菲尔德网络包括记忆和纠错的过程。它展示了如何通过选择网络架构来帮助研究者更好地理解心理学研究问题。霍普菲尔德网络的另一项历史性成就是，它充分利用了数学和物理学领域中的工具，使得它能够利用数学的明确性来“证明”自己。而任何有限的模拟研究都不可能实现这一目的。这样的工具在心理学研究中可以发挥巨大的作用，我们应该多去学习和了解它们，而且它们也有助于向物理学家和数学家展示计算技术是如何被应用于心理学和神经科学研究的。

13.3　霍普菲尔德网络与感知机的异同

霍普菲尔德网络是一个递归的网络（见图 13.1）。相比之下，我们之前介绍的多层感知机则是前馈的网络模型。一个递归的网络允许接收输入的单元反馈信息给发送输入的单元，这一点在图 13.1 中用双向箭头表示。这种递归的结构更逼近于生物学和心理学领域的现实情况，因为我们知道大脑的大部分区域都会向投射到它们的区域发送反馈，进而相互作用。例如，丘脑外侧膝状体核向初级视皮层发送投射，而初级视皮层向外侧膝状体核发送反馈投射。这意味着信息是双向流动的。在心理学中，这种思想包含在自下而上和自上而下处理信息的概念中。

这个模型结构在霍普菲尔德（1982）刚发表的时候就立刻被认为是一个和记忆相关的模型。霍普菲尔德还展示了物理学家如何利用他们的数学工具来提高我们分析神经和认知系统的能力。*

---

* 霍普菲尔德，物理学家，本科就读于斯沃斯莫尔学院。在那里，他师从伟大的格式塔心理学家沃尔夫冈·苛勒（Wolfgang Köhler）学习心理学。

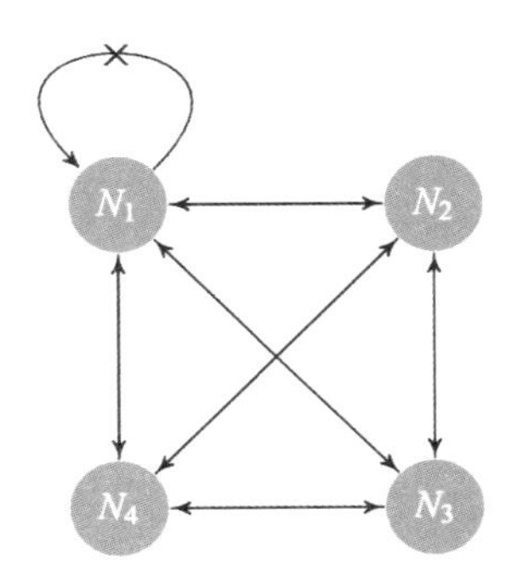

图13.1　这是一个基本的霍普菲尔德网络，所有的神经元都相互连接，但没有自我导向的连接。霍普菲尔德网络是一个单层网络

105

霍普菲尔德网络的一个重要特点是它的纠错能力，以及根据不完整的输入生成完整输出的能力。这一特点类比到我们的现实经验就更容易理解，例如，当你的记忆里储存有一个名字时，如果有人只给你其中的第一个音节，你可能就会突然想起这个名字。或者当一张照片只显示了你的朋友们的眼睛时，你可能就会想起他们的脸。这种允许你使用某些信息访问其他信息（即内容可以用于系统查询）的记忆类型称为内容寻址记忆。这与依赖于位置的记忆不同。在计算机中，后者需要提供希望计算机查找的信息地址（即位置）来实现。相比而言，内容寻址记忆器可以更快地进行搜索。更重要的是，它看起来更加人性化，霍普菲尔德实现的这种可寻址的记忆对于心理学研究有着巨大的价值。霍普菲尔德网络除了这一功能之外，还展示了如何将动力系统理论中的数学工具应用于神经网络的分析。

动力系统

动力系统是一个大家都很熟悉的概念，即使它的名称听起来有些陌生。动态指的是事物随着时间发生变化。当我们把物体的位置绘制成时间相关的函数时，就是在生成动力系统的轨迹。在航空公司的航班上，我们经常可以看见一张带有飞机标记的小地图，上面列出了飞行路线，并记录了路线的覆盖范围。这就是一个位置随时间变化的曲线图，它反映了你的飞行轨迹。一个计算系统也可以做同样的绘图。例如，当我们把霍奇金—赫胥黎神经元的电压绘制成与时间和电流输入相关的函数时，就是在追踪这个动力系统的轨迹。动力系统并不基于激活，它依赖于一些随时间变化的东西。

106

如果我们不考虑单个轨迹，而是绘制系统中进行微小变化就可以产生的多个轨迹，例如，通过改变德尔塔规则的η或学习率，我们就可以生成相位图。这一视图允许我们在参数空间中观察特定的兴趣点，而兴趣点取决于我们的研究目的。动力系统强调系统的行为不仅取决于输入和最终输出，还取决于系统的运行过程。例如，学习规则就可以被看作动力系统。

13.4 霍普菲尔德网络的基本结构

参数空间是讨论参数组合的一种特殊方法。它是一种类似于（x，y）的笛卡尔平面的图像，它可以将参数的所有组合以点的形式呈现，而该点投射到坐标轴上的坐标就是参数。

霍普菲尔德网络本质上是一个单层网络。输入和输出可以从同一个节点读取：节点将输入传递到网络中的其他元素，并接收其他元素的反馈，但是节点永远不会收到自己的活动产生的直接反馈。

尽管图 13.1 中没有详细描述权重，但是每条连接都会被赋予一个权重，而且这些权重的作用是对称的。换句话说，如果从单元A到单元B的连接需要加权 0.5，那么从单元B到单元A的连接也需要加权 0.5。

数学公式

上述对霍普菲尔德网络的文字描述可以用更简洁的公式来代替。例如，节点U_1的活动可以表示为：

$$U_1 \times 0 + U_2 \times W_{1,2} + U_3 \times W_{1,3} + U_4 \times W_{1,4}$$

练习：写出最基本的公式

为了测试你对霍普菲尔德节点激活公式的理解，请写出图 13.1 所示的简单四单元网络中每个单元的激活公式，并用语言阐述为什么每个方程中至少存在一个零。

在完成上述步骤后，使用矩阵和向量将所有公式重写为一个单独的公式，然后回答下列问题：什么值会沿着矩阵的对角线下降（如果你不知道矩阵的对角线是什么，请先查看）？为什么$\boldsymbol{W}$如此重要？

网络的矩阵公式可以写成：$\boldsymbol{WI}$。这种公式的优点是可以用更简洁的方式描述模型。不要低估数学表达式或计算机程序简洁性的价值，公式（或代码）越短，出现混淆或错误的可能性就越小，通常也更利于读者理解。当你在休息一段时间后重拾一个项目或程序时，简洁的公式和代码也有助于你自己的理解，而要实现这种简洁性确实需要一定的形式主义。 107

但这个符号的不精确之处是，它暗示着这个网络的更新是同时发生的。典型的霍普菲尔德网络通常并不是同时更新的，但目前这种简化的表达有助于理解下面的实例，而且很快我们就会详细介绍异步更新。

你同意向量和向量之间的这种联系反映了心理学家所认识的记忆过程的本质吗？

13.5 实例演示

为了具体解释上述概念，在实例演示中，我们可以假设一个特定的输入结构和内容。假设存在两个输入模式$\boldsymbol{A}=\{1,0,1,0\}^{\mathrm{T}}$和$\boldsymbol{B}=\{0,1,0,1\}^{\mathrm{T}}$，以及一个权重矩阵为$\boldsymbol{W}$的四节点网络，$\boldsymbol{W}$如下所示：

$$\begin{bmatrix} 0 & -3 & 3 & -3 \\ -3 & 0 & -3 & 3 \\ 3 & -3 & 0 & -3 \\ -3 & 3 & -3 & 0 \end{bmatrix}$$

更新霍普菲尔德网络

与感知机及其他的很多网络模型类似，霍普菲尔德网络也会使用阈值将激活非线性地转换为输出，其规则可以表示为：

$$\mathrm{output}(\boldsymbol{WI})=\begin{cases} 1, & t \geqslant \Theta, \\ 0, & t < \Theta。 \end{cases}$$

其中，Θ设为0。

上文的练习呈现了霍普菲尔德网络自动关联的特征。霍普菲尔德网络能够可靠且一致地为特定类型的输入产生特定输出，这使得霍普菲尔德网络可以被用作记忆计算模型。因为记忆和读取就需要为特定输入产生特定的输出。 108

练习：计算霍普菲尔德网络的输出

使用阈值更新规则计算上述两个输入（$\boldsymbol{A}$和$\boldsymbol{B}$）在进入这个霍普菲尔德网络后的输出，然后试着用文字解释计算过程。你能否用一个心理学术语来描述一个权重矩阵为某类输入稳定地产生特定类型输出的能力?

测试一下：对于输入模式$\boldsymbol{C}=\{1,0,0,0\}^{\mathrm{T}}$，预测这个霍普菲尔德网络的输出是什么，为什么?

另一种距离指标

对于二进制字符串对，如何比较汉明距离和欧几里得距离？它们一样吗？它们之间相关吗？它们的秩序一样吗?

回想一下第 9 章中我们介绍过的距离指标的概念。当时我们提到，距离指标包括但不限于欧几里得距离。要了解这一点，请先思考上面的模式$\boldsymbol{C}$“更接近”模式$\boldsymbol{A}$还是模式$\boldsymbol{B}$，并说明原因。

在比较两个向量之间的欧几里得距离时，我们可以将每个向量视为一个点，然后对向量的每个分量使用欧几里得规则。我们将计算每对元素之间差异的平方和，最后取平方根。但除了欧几里得距离之外还有其他的距离指标，例如汉明（Hamming）距离。汉明距离计算的是二进制模式有差异的位置数。换句话说，我们看的是元素有多少个为 1 的值在与其对比的元素中为 0，反之亦然。这些翻转的比特数（bits）就是汉明距离。汉明距离是计算机科学中一种流行的距离指标，因为计算科学会使用二进制的数字串。在这个具体的例子中，模式$\boldsymbol{A}$和$\boldsymbol{C}$只相差一位，而模式$\boldsymbol{B}$和$\boldsymbol{C}$相差三位。根据汉明距离指标，$\boldsymbol{A}$和$\boldsymbol{C}$更接近，输入模式$\boldsymbol{C}$，将返回模式$\boldsymbol{A}$，而模式$\boldsymbol{B}$不是作为输出也就不足为奇了。这个输出结果可以被认为是一种纠错或者补充的过程。纠正或补充输入的能力和人类的记忆能力也很相似。当我们尝试帮助某人记起一件事时，我们可能会提示与此事件相关的一个地方或名字。在向量$\boldsymbol{C}$的例子中，我们给出这个名字的第一个字，霍普菲尔德网络就能够回忆起整个名字。

角距离指标(Angular Distance Metric)

除欧几里得距离和汉明距离之外，还有其他衡量距离的方法。角度是向量间经常被计算的一个特征(可以把向量看作几何对象)。利用内积和它们组合成的角的余弦(见方程式9.2)，我们就可以计算出两个向量之间的距离，这可以通过使用点积来计算。若两个向量正交，则它们的点积为零。若它们方向相同，则结果是它们各自长度的乘积。若向量已经被标准化，则积为1。如果我们取这些数的反余弦(有时反余弦函数称为反余弦或arccos，它也可以表示为$\cos^{-1}$)，就可以得到角度。为了测试你对角距离指标的理解，请试着计算出上面向量$\boldsymbol{A}$和向量$\boldsymbol{B}$之间的角度。

13.6 异步更新

109

为了强调霍普菲尔德网络的某些结构特点，在上文中我们引入了霍普菲尔德网络的矩阵表达式，它暗示着这个网络的更新是同时发生的，但通常霍普菲尔德网络的典型更新方法是异步更新：一个节点(通常是随机选取的)根据其输入计算输出并更新值，这种新的活动向量随后被用于下一个节点的更新。为了简单地呈现这个过程，在下面的示例中，我们会按照顺序选择节点重复上述过程，直到节点的值不再发生变化。

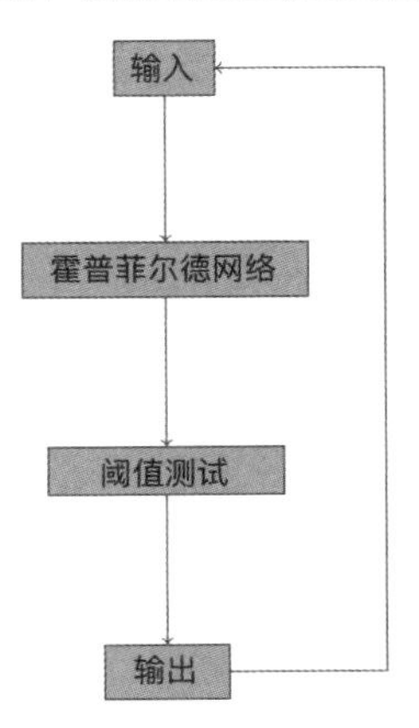

图13.2 霍普菲尔德网络通常使用的异步更新过程的流程图

练习：异步更新

使用{1，0，0，1}作为输入，权重矩阵$\boldsymbol{W}$使用13.5中的矩阵，执行以下操作（见图13.2）：

1. 通过选取权矩阵的第一行，并将其与输入向量相乘来计算第一个节点的值。

2. 与阈值比较。

3. 更新第一个节点的值。

4. 依次计算第二、第三和第四个节点（在计算中记得适配到权重矩阵的对应行）的值。

5. 重复上述步骤，直到节点的值都不再发生变化。

110

13.7 霍普菲尔德的思想

在第11章中，我们讨论了如何将一个节点对应的权重向量想象成一个指向空间中某个方向的箭头，并将模型的学习过程看作对权重向量指向的方向的调整。我们可以用类似的几何思维来看待霍普菲尔德网络，并将网络节点的活动想象成四维空间中指定点的坐标变动。在更新网络的过程中，点会发生移动，把这些点的移动轨迹连接起来，就可以看到一条动态变化的轨迹。这也说明了我们将霍普菲尔德网络视为动力系统的原因。

霍普菲尔德网络在心理学和神经科学领域之外也有着极高的应用价值。例如，它们可以被用于集成电路的设计（Kumar et al.，1995）。无论你对计算机科学、物理学还是工程学感兴趣，你一定可以发现这些学科与霍普菲尔德有着某种联系。

把网络看作一个动力系统，这是霍普菲尔德网络分析的重要特点。作为一名物理学家，霍普菲尔德的经验使他能够将经典方法很好地应用于这种新的模型中。

另外，在上面的练习中我们提到，更新过程需要一直进行到各个单元的输出不再改变为止。那么，模型的学习规则能否保证这一点呢？到目前为止，我们已经提供了执行自动联想的矩阵，但是权重矩阵是怎么得到的呢？它是通过反复试验得到的，还是我们可以直接计算出所需的权重矩阵呢？霍普菲尔德从物理学中引进的方法很好地回答了这些问题，接下来我们会详细阐述这一点。

赫布（Hebb）与外积（outer product）规则

赫布（1949）在其著作《行为的组织》中描述了一种在类神经环境中建立记忆的方法：将在时间上紧密结合的神经元变得更加紧密或耦合。这个想法可以概述为“把神经元一起激活，互相连接”。为了实现这个想法，我们希望能够让网络中元素的连接相互加强，并基于此产生了加权修正的外积规则。第 9 章末尾提到了两个向量的外积规则。在神经网络中，外积规则认为两个元素之间的权重变化可以表示为它们共同活动的函数，即

$$\Delta W_{i,j} = \eta g[i] f[j] \tag{13.1}$$

其中f和g表示两个向量，它们分别代表我们希望通过网络产生的输入模式和输出模式。因为在霍普菲尔德网络中，每个输入位置彼此连接，所以我们必须考虑所有可能的连接对，如第一个输入位置与第一个输出位置的活动。i和j取自 1 到每个输入的长度。在上面的公式中，i和j取 1、2、3、4。换言之，上面的方程表示，我们的权重变化（Δ是表示变化或差异的一个常用符号）是$\boldsymbol{f}$的一个元素乘以$\boldsymbol{g}$的一个元素，再加权一个较小的正值η（我们可以再次把它看作一个学习常数）。

111

如果我们想得到一个元素的输出值，就需要知道所有的输入值，然后乘以连接权重。即

$$g[j] = \sum_i W[j,i] f[i]$$

我们可以用向量表示法写这个公式，即$\boldsymbol{g} = \boldsymbol{Wf}$。

练习：计算权重矩阵

为了检验你对上述概念的理解情况，并演示通过这条规则如何得到我们所需的输入和输出的关系，请进行以下练习：

1. 以方程式 13.1 作为改变权重的学习规则。
2. 假设有两个向量，每个向量有三个元素。
3. 向量为抽象向量（即用字母而不是具体的数字）。
4. 假设所有权重以零为初始值。
5. 在每个输入位置更新一次后，重新编写权重矩阵。
6. 重新填写权重矩阵的每个元素，用矩阵表示权重矩阵与输入的关系。

结果应该是$W = \eta g f^{T}$。这个结果与两个向量外积的定义是一样的。共同激活的节点加强了它们之间的联系，这一概念可以表达为按学习率缩放的外积公式，这也可以加深我们对外积规则的理解。许多软件（包括MATLAB和Octave）都具有计算两个向量外积的功能（许多电子表格程序也可以，即使不行，你也可以很容易地通过编写相关的函数程序实现）。

这个练习改编自安德森（Anderson）和戴维斯（Davis）（1995）中介绍霍普菲尔德网络模型的章节。

练习：探索更新过程如何停止（即收敛）

这个练习具有一定的挑战性，它能够进一步加强你对霍普菲尔德网络的理解，你可以一步一步慢慢地尝试。本练习展示了霍普菲尔德网络的逻辑和方法。通过这个练习，你可以从数学的角度证明：对于给定的输入模式和更新规则，网络的动态轨迹最终会在有限的时间内收敛到一个固定点。在练习的过程中，需要你有一些耐心，如果你来自心理学领域，那么这个练习几乎所有的内容对你来说都会有些陌生。但如果你能够完成，你将会对这种用数学形式证明所需结论有更深入的了解。如果你在练习的过程中遇到了难以解决的困难，也可以参考注释部分的答案。

112

霍普菲尔德网络收敛性的证明

令$f[i]$表示输入向量$\boldsymbol{f}$在位置i中的活动，且$f[i]$的计算规则为：

$$若\sum_{j} A[i, j] f[j] \geqslant 0，则 f[j] \rightarrow 1。$$

$$若\sum_{j} A[i, j] f[j] < 0，则 f[j] \rightarrow -1。$$

［注意：我们将网络的输入和输出都使用$\boldsymbol{f}$表示，因此这里没有出现向量$\boldsymbol{g}$。这也有助于我们理解自动联想的情况。此外，为了方便你参考安德森和戴维斯的著作（1995），我们用符号$\boldsymbol{A}$表示权重矩阵。］

接下来我们可以定义一个函数来测量网络的"能量"。使用能量的想法来自物理学，但它不一定是真实的能量（如，电力输出的能量）。实际上我们可以将任何我们感兴趣的东西称为"能量"。在物理学中，能量是某个量的平方，这就是我们要利用的思想。我们定义的能量方程是：

$$E = -\frac{1}{2} \sum_{i \neq j} \sum A[i, j] f[i] f[j]$$

在尝试证明之前，先确保出发点（即已知条件）和目标是非常清晰的。从已知到目标，证明的过程包括一系列的逻辑推理，要充分利用已知条件，并保证每一步的正确性。

接下来我们将证明异步更新规则总是可以收敛的。为了实现这一点，我们会展示每一个更新步骤都将导致能量的减少。因为能量是一个“平方值”，它永远不会为负值，所以，能量减少的极限就是我们能达到的最低值，即零。因为网络大小是有限的，所以我们占据的也是有限的。每完成一次网络模型的学习，能量要么下降，要么保持不变，只有达到一个能量最低的状态，即零时，学习才会停止。

113

尝试完成以下每个步骤，我们会在其中给出一定的提示：

1. 关注单元k和单元j，并写出一个只包含k和j的能量函数。

2. 假设所有连接都是对称的，请重写公式。

3. 使用上面的语句，写出k的所有输入和输出。

4. 你可以用符号“Σ”重写这个方程式，这样其中一个术语就可以写在符号之外。

5. 用文字说明你的方程式中符号“Σ”所表示的部分所表达的含义。

6. 假设网络的活动更新规则导致你需要更改$f[k]$的值。定义变动（即变动前后的差异值）的表达式：

$$\triangle E = E[k](\text{新值}) - E[k](\text{旧值})$$

$$\triangle f[k] = f[k](\text{新值}) - f[k](\text{旧值})$$

将这些方程代入之前的能量方程中，并简化，可得到一个关于$f[k]$的简洁的方程。

7. 如果$f[k]$不变，那么能量也不变；如果$f[k]$从1变为−1或反之，能量将发生变化。考虑这两种情况，请说明能量发生了怎样的变化，并说明理由。

如有必要，请参阅第13章的注释。

13.8　总结

在这一章中，我们介绍了霍普菲尔德网络，通过它了解到，并非所有的网络模型都是相同的，不同的网络服务于不同的心理学研究。霍普菲尔德网络很好地呈现了与人类记忆之间的关系，且已经被用于理解记忆的过程。此外，霍普菲尔德网络也帮助我们认识到了使用计算方法解决问题的一些好处，抽象的思考和几何表达式

114 可以让我们更清晰、明确地学习知识，仅仅使用文字去演示霍普菲尔德思想是无法实现的，而我们也已经看到了如何使用数学公式来表达（如赫布学习规则）一些常见的规则，以及如何结合数学和物理学的概念来证明网络的活动特征。

第三部分

概率和心理模型

第14章

什么是概率？

学习目标

在阅读完本章后，你可以：

- 理解概率论的基本概念；
- 理解概率与集合论的关系；
- 理解条件概率和贝叶斯法则；
- 理解合取谬误。

14.1 概述

接下来的两个章节将会介绍概率论及其在计算模型中的应用。在心理学和神经科学中通常认为概率等同于统计，但事实上这是两个不同的概念。概率是一种数学理论，而统计是把这一理论应用到数据分析中。理论上，如果你对概率论理解得很透彻，面对特定问题时就可以自己设计所需要的统计检验方法。我们对概率的兴趣不仅仅在于假设检验，还在于它可以解决随机性的问题，而随机性是我们的环境、神经系统和行为所具有的固有特点。即使在简单的任务中，不同试验的结果也不一样。当我们用平均数或中位数来描述结果，会忽略变异，但是如果我们想对任务隐含的认知过程进行描述或建模，那么还是需要考虑变异的。要想建一个好的模型，这个模型必须能够很好地重复变异性，描述变异性且将其纳入模型是概率的重要作用。

在这一章中，我们将会介绍一些数学概念。在下一章中，我们会讨论一些如何使用概率的实例。

14.2　悖论和概率：集合和瓮

118

> 不要问为什么是瓮，就是它。概率学家总是把手伸进瓮中，取出彩色的球。

概率论涉及数学的不同领域。尽管我们只需要用到它们的一些基础知识，但如果不了解一些更宏观和更复杂的知识，就无法完全理解我们建立的模型。我们要想读懂使用这些专业性的文章，还需要扩充词汇量，了解一些术语。

我们从讨论集合的概念开始，通过讨论从瓮中取彩球的例子引出集合的应用。找出完成一件事的所有不同方法是提出瓮的问题的原因（或掷骰子、抽纸牌，这两个是概率学中最常见的问题），这促进了组合学理论的发展。组合是数学中计数原理的一部分。

假如有一个瓮，里面有 30 个红球和 60 个其他颜色的球（所有球的大小、质地都相同）。其他颜色可能是黑色，也可能是黄色，但并不知道有多少个黑球，多少个黄球，只知道总共是 60 个。你想象一下：从中摸出一个红球，给你 100 元，或者摸出一个黑球，给你 100 元。两种选择你更倾向于哪个选项？你选择红球还是黑球赢的概率更大一些呢？

假如有另一个相同的瓮，里面的球和上述一样。这次的选择如下：当摸出的是红球或黄球时，给你 100 元，或者当摸出黑球或黄球时，给你 100 元。两种选择你更倾向于哪一个？在继续往下读之前，你可以花一点时间考虑一下，并对每个情形做出选择。

这个情形是埃尔斯伯格悖论的一个例子（Ellsberg，1961）。第一种情形，大多数人倾向于选择红球。这意味着从某种意义上来说，选择红球对他们的价值更大，也就是，P（红）$>P$（黑）。第二种情形，多数人更倾向于选择黄球和黑球的组合，也就是P（黑）$+P$（黄）$>P$（红）$+P$（黄），但是无论黄球的数量是多少，等式两侧黄球的概率是相等的，可以消掉P（黄），我们可得出P（黑）$>P$（红）的结论，与第一种情形中我们的选择是相反的。

埃尔斯伯格悖论基于概率论。概率论证明了P（黑$+$黄）$=P$（黑）$+P$（黄）。但是我们把概率论应用到人类在不确定情况下的选择时却显示出悖论，因此也对那些认为人类是最佳的理性决策者的理论带来了挑战。

14.3 计数用的概率

概率论可以被看作集合大小的测度。口袋中的一枚硬币是一角钱的概率为多少？这取决于集合的大小，即口袋中所有硬币的集合，以及有多少枚硬币是一角硬币这个子集。这两个数字称为计数测度（counting measures）。它们的比率就是概率。下面我们简单介绍一下这些概念，即集合和测度。

119

集合论的术语

集合论是数学的一个分支，集合的概念让数学家们将很多常见的数学概念形式化，包括概率、逻辑、可计算性甚至关于无穷大的概念（比如集合论可以证明有些无穷大的数比另外的一些数大）。尽管数学上的集合可以被用于解决很多复杂的问题，但其本质是我们关于真实世界中一类物品的归类（如餐厅用品）这一直观经验的延伸。

以下是一些对于理解集合很重要的基本概念：

集合：研究对象组成的总体。

元素：研究对象。

属于：用∈表示，是某个总体的成员或者属于某个。比如，橘子∈水果。

并集：用∪表示，两个集合中所有对象放在一起。比如，$\{1,2,3\} \cup \{3,4,5\} = \{1,2,3,4,5\}$。

交集：用∩表示，两个集合中共有的元素。比如，$\{1,2,3\} \cap \{3,4,5\} = \{3\}$。

基数：这是集合的大小，也是计数测度。通常用和绝对值一样的符号（$|S|$）表示。把绝对值看作数字的“大小”也很有道理：−3 依然是三个单位大小，而负号仅仅表示当它在数轴上时的方向。

其他的概念都可以由这些基本概念进行组合定义。

14.4 概率作为集合的测度

之前我们提到过指标的概念（见本书边码 71）。一个与其相关的概念是测度（measure），前文中多次提到过这个词，我们可以从以前的用法中猜出它的大概意思。测度可以告诉我们一个东西有多少。比如，一把茶匙也是一种测度，一把大汤匙有三把茶匙那么大。数学上测度

> 单个的结果，即我们所感兴趣的集合中的元素，通常用小写字母表示，而整个集合则用大写字母表示。

论里也是同样的概念。指标用于衡量距离，而测度用于衡量大小。

正如不只存在一种指标，测度也有很多种（比如体积、面积、勒贝格测度）。对于集合，我们通常使用计数测度来衡量它的大小。一个集合的大小就是它所包含的元素的数量。要理解我们如何从这个概念中得到概率，先思考这样一个小问题：抛掷一枚质地均匀的硬币，正面朝上的概率是多少？

120

为了回答这个问题，我们需要定义一个概率空间。概率空间是一个数学对象，含有三个不同的部分。一部分是所有可能结果的集合；一部分是用来量化集合大小的度量；另一部分是一个集合的所有子集组成的集合（我们将这些子集称为事件），它包含了所有可能结果组成的集合的所有子集。对于目前所考虑的简单情况，我们只有两个可能的结果：正面朝上记为H，反面朝上记为T。包含所期待事件的子集是{H}，测度为1；包含所有可能结果的集合是{H, T}，测度是2。两者比例是$\frac{1}{2}$，因此得到的概率是0.5。

再重复一遍，对于数学家来说，概率就是集合大小的一种测度。如果这对你来说还是太抽象，请看下面的内容。对数学家来说，一个随机变量就是一个函数，函数是把输入变成输出的工具。而作为随机变量的函数，将所得到的抽象实体转化为数轴上的实数。我们便可以根据这些数来定义事件。比如，一个事件可以是随机变量函数的输出值在某两个值之间的所有可能结果的子集。像这样的情况用以下符号表示：$P(1 \leqslant X < 2) = |\{\omega \in \Omega$，满足$X(\omega) \geqslant 1$，且$X(\omega) < 2\}|$。这表示某个随机变量函数的取值在1到2之间的概率，等于随机变量函数X取1到2之间这些所有可能结果的输入值的测度。一般情况下，用这样复杂的方式来陈述一个明显的问题是没有必要的。但是，当我们考虑复杂的问题时，用这样的定义方式是有很大帮助的，正如当我们尝试去理解如何模拟简单的微分方程时，利用导数的定义有很大的帮助。

练习：计数概率

考查一下你对于概率的计数测度知识的了解情况，请计算连续四次抛硬币，有两次或更多次正面朝上的概率。要计算这个概率，首先写下连续抛四次硬币的所有可能结果的集合，然后计算相关事件发生的子集的大小。

做完这些之后，你能否利用概率的定义，找到一个简单的方法计算出连续抛四次硬币，正面朝上少于两次的概率？需要注意的是，当两个事件是独立的情况时，它们的结果是没有重合的，那么，这些事件并集的概率就是这些事件概率之和。

14.5　概率的一些基本关系式

我们现在的目标是理解贝叶斯关系式（Bayes' relation）。贝叶斯关系式（有时也称贝叶斯定理）是贝叶斯概率的核心，贝叶斯理论经常被用于神经科学和心理学中。首先，我们介绍一些概念来阐述这一关系。

121

条件概率

当说到有条件的时候，意味着一事件的发生依赖于另一事件的发生。一名儿童只有在整理房间之后才能得到奖励，即奖励是在整理房间这一事件发生的条件下才可能发生。通常使用竖线"|"表示条件概率，定义如下：

$$P(B \mid A)=\frac{P(B \cap A)}{P(A)}$$

如果继续从集合的角度来看概率，条件概率的公式表示用同时包含在集合A和B中的所有结果的集合测度，除以属于竖线之后的集合（此处为A）的所有结果的集合测度。也可以通过如图 14.1 所示的方式以可视化的形式来理解。

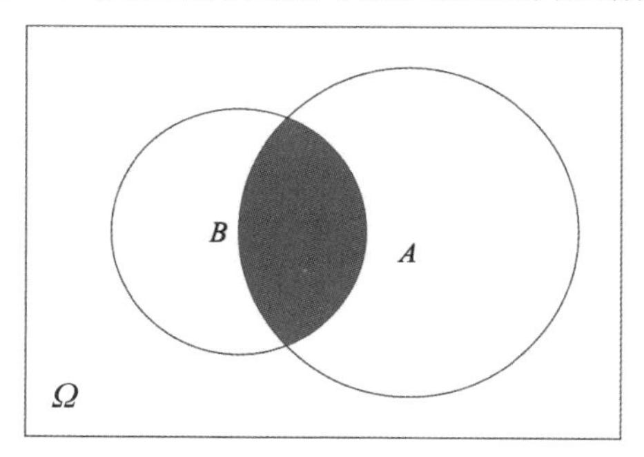

图 14.1　从集合的角度看联合概率和条件概率。长方形表示所有可能的结果。A表示事件A发生时所有结果的集合。同样地，B也是如此。重合的部分代表联合概率，而A和B交集的测度和集合A的测度的比即为A发生的前提下B发生的条件概率

练习：计算条件概率

来证明一下你对条件概率公式的理解，请计算连续抛四次硬币，在不能连续两次都是正面朝上的情况下，得到两次或更多正面朝上的概率。写出所有可能的结果和列出事件定义的子集可能会对你有帮助。

贝叶斯法则

贝叶斯概率经常被用于心理学和神经科学，但是有两种完全不同的运用方式。一种是在进行数据分析时，将贝叶斯概率用于扩展已有统计检验的类型，通常被称为贝叶斯推断。另一种方式是将贝叶斯概率用于建立理性主体如何利用信息的模型。

122

在极大似然法（maximum likelihood）中，我们尝试找出能够解释所观察到的数据的最合理的潜在假设。在得到任何观测数据之前，我们对可能的假设是否为真的估计是不同的，利用贝叶斯概率，我们可以用这种预估给每个假设赋予权重。

想象你在地平线上看到一片云，如果这是一片乌云，你通常会将它和下雨联系到一起。有多大的概率会下雨呢？如果你是在沙特阿拉伯呢？又或者你是在英国呢？在这两个不同的地点，你可能有不同的回答。在英国更有可能下雨，因此，即使看到的都是乌云，当你在英国，关于下雨的后验估计会更大。这是基于贝叶斯概率的直觉知识。观测值和它们的意义与先验估计有关。

贝叶斯法则的公式如下：

$$P(H|O)=\frac{P(O|H)P(H)}{P(O)} \tag{14.1}$$

这里的O表示观测值（Observation），H表示我们的假设（Hypothesis）。要注意O和H哪一个在前面，哪一个在后，在等号两侧，O和H的位置是相反的。我们想要知道基于不同的观测值，我们的假设如何变化。为了进行计算，可以用特定假设下出现某观测值的可能性（这一概念经常被称作似然比，可能被写作L（O，H）乘以它们初始状态下的可能性（叫作先验）。我们调整先验概率得到的结果，就是后验概率。

我们总是看到贝叶斯法则以下面这样的形式表示：

$$P(H|O)\propto P(O|H)P(H)$$

要注意这里没有等号，但是有一个表示“正比于”（$\propto$）的符号。实际运用贝叶斯法则的时候，我们通常去估计基于某些数据，我们的假设为真的概率。数据不会变化，所以在估计H的参数时，$P(O)$是不变的。因此，后验分布的排序不会轻易改变。因为它们除以的是同一个常数值。对于H，最有可能的值还是那些值，因此，我们可以忽略$P(O)$这一项。

贝叶斯法则基本上是关于如何整合证据的方法。我们应该用观测值对我们的先验信念赋予权重。记住等式中的各项概率代表什么很重要，它们是概率分布，是随机变量，是函数，而不是简单的数。如果我们的先验信念非常集中，而似然比分布非常离散，我们应该（公式也决定着

> 如果需要决定$P(O)$的值，要怎么计算呢？你可以简单地把所有你知道的可能性相加。$P(O)$就等于所有的$P(O|H)P(H)$之和。

我们应该这样做）给先验信念更多权重（或反之亦然）。我们应该根据证据的质量来给予权重。心理学的大量工作就是致力于研究这种整合证据的最佳策略是不是人类思考的方式。

123

14.6 人类不是理性的

虽然贝叶斯模型非常普遍，而且在众多领域中观察到了接近最优化的行为，但有很多观察结果对人类精通概率这一论断提出了挑战。事实上，我们经常容易做出和概率不一致的选择。上文提到的埃尔斯伯格悖论就是一个例子，还有很多其他的例子。了解概率的好处之一是可以建立概率模型，另一个是概率让我们有一定的知识基础去设计实验来检验人类面对不确定性时的推理能力，并评估这类实验的可靠性。一个著名的例子就是合取谬误（Tversky & Kahneman, 1983）。

练习：合取谬误

对你的一群朋友进行以下问题测验：

琳达，今年 31 岁，单身，性格外向，非常聪明。她的专业是哲学，她在学生时代经常关注歧视和社会公平的话题，还参与了反核游行。

以下哪个陈述更有可能？

1. 琳达是一个银行出纳员。
2. 琳达是一个银行出纳员且积极参与女权运动。

很多人会选择第二项，琳达既是银行出纳员又是女权主义者。现在，我们从概率、集合、计数的角度思考这一选择。在所有人和所有职业的集合中，有一个子集对应银行出纳员和女权主义者。不是所有的出纳员都是女权主义者，所以两者的交集肯定不会比只是出纳员的集合更大。因此，银行出纳员和女权主义者的交集大小（测度）肯定小于银行出纳员这个集合的测度。所以，第一项的概率要大于第二项。那么为什么人们还总是选择第二项呢？

有些人认为，英语口语中的“and”（和）通常是指“or”（或），即琳达可能只是有另外某一种职业的女权主义者，也有可能是一个非女权主义者的银行出纳员，还有可能既是女权主义者又是银行出纳员。你能运用学习的概率规则分析，为什么这种解释可以消除谬误问题吗？

有大量关于合取谬误的研究。一个比较流行的理论认为合取谬误的产生，是因为人们将某个结果的概率等同于该结果的典型性：一件事情越典型，我们就越倾向于它更可能发生。如果一个人有琳达这样的早期社会经历，女权主义者的特征越典型，我们越倾向于认为她是[有关合取谬误的最新讨论可以参考腾托里（Tentori）等人 2013 年的文章]。对于建立计算模型来说，合取谬误问题的答案是什么并不重要，重要的是，因为我们熟悉概率原理的知识，并知道它在数学上的意义，才看出了人类反应中的一个谬误。没有这些计算知识，我们就无法发现谬误，也无法设计实验或者构建模型来解释这一现象。

124

14.7　总结

这一章介绍了概率计算的一些基本数学知识。大多数情况下，我们可以把概率看作集合的大小，随机变量和分布可以看作函数。基于这些基础知识，可以检验人类是不是最佳的推理者。我们可以利用这一信息来开展实验，建立计算模型。在下一章，我们将举一个利用这些知识建立一个模型的例子：用反应时数据建立随机游走模型。

第15章 用随机游走算法做决策

学习目标

在阅读完本章后，你可以：

- 理解随机游走的概念；
- 理解随机游走和反应时之间的关系；
- 使用EZ扩散模型拟合反应时的数据。

15.1 概述

直到第 14 章，我们讨论的都是确定性系统。在一个确定性系统中，一切都是确定的，没有随机性。如果用同样的输入运行霍奇金—赫胥黎模型两次，你会得到完全相同的结果。在确定性系统中，输出值完全由输入值决定。这和概率系统不一样，在概率系统中，输出值只是近似地由输入值决定，有一定程度的不可预测性。我们可以用概率分布来形容输出值。在第 14 章中，我们已经介绍了一些概率知识。

许多学者认为将概率纳入神经科学和心理学现象中会使得实证研究更贴近实际。尽管确定性系统在透明性和具体性上有优势，但这只会让我们离现实越来越远。我们期待输入和输出之间存在某种规律，但我们并不希望在自然条件下，同样的输入重复多次，得到的结果完全相同。一个确定性系统是否足够好，取决于这个模型想要解决的科学问题。

确定性系统不足以解决问题的一个典型例子就是反应时的建模，即使我们进行的是一个最简单的反应时任务，让实验被试对可预测的单个闪光刺激进行按键反应，被试的反应时也会不同，这就是为什么我们需要概率。我们所观察到的反应时是输入值的函数，但是它受随机变量的影响。

在本章中，我们将看到随机过程是如何仍然能产生可预测的趋势的。有一个具体的例子——随机游走，它经常被用来对反应时数据进行建模。我们要写一个简单的程序来测量反应时，这有助于提高编程技能，也给我们提供了数据来构建反应时的概率模型，拟合随机游走的参数。

126

15.2　随机游走

随机游走的含义从名字中就可以看出。想象一下，你在每走一步之前抛一次硬币，若是正面朝上，则后退一步，若是反面朝上，则前进一步。因为我们的移动要么是向前要么是向后，总是在一条线上，所以这是一个一维随机游走。然而，随机游走并不总是如此简单。比如，向前和向后的概率不一定必须相等，我们也不需要总是限制在一维中。想象一张城市地图，在岔路口用随机游走决定走哪条路。即使像通过抛硬币这样的方式产生随机游走的过程是随机的，也不意味着总的进程是不可预测的。在下面的练习中，我们会看到从随机过程中预测到怎样的信息。

练习：随机过程的一般表现

如果向前和向后的概率相等，在一维随机游走中你一般会停在哪个位置？

我们可以用分析法来回答这个问题，但掌握编程技能的好处就是我们不必为如何解决这个问题担心。只要按步骤描述这个问题，就可以模拟整个过程，然后得到答案。

用电子表格软件模拟一维随机游走的过程如下：

1. 创建必要的列名，可能需要如下一些变量：步长、位置、硬币抛掷结果。

2. 设置起始位置为0。

3. 在电子表格软件中使用随机数生成器［使用HELP来寻找类似于rand()这样的函数］来计算随机抛硬币的结果。

4. 根据所要移动的步数模拟一系列抛硬币的结果。相比于将结果记录为正面朝上或反面朝上，用“±1”表示更简单。当记录不断增加时，计算累计的结果也较方便。

5. 利用抛硬币的结果来更新位置（就像在微分方程中，新位置＝旧位置+位置改变）。

6. 重复多次过程并画出结果图。

7. 你观察到了什么？

8. 结果的平均位置是哪里？你如何计算？

127

证明一维随机游走的预计位置

虽然模拟的方法通常足以很好地确定心理学和神经科学模型的趋势，但有时候我们也想知道真实情况是怎样的。因此，我们来做个小练习，尝试用分析法来确定一维随机游走的预计位置，并使用我们新学的概率符号表示。

首先，想象一下我们已经走了一步。再走一步之后我们会在哪个位置呢？这由起始位置（第一步之后的位置）和第二步的方向决定，可以写成以下等式：

$$\text{位置}_2 = \text{位置}_1 + P(h)*(+1) + P(t)*(-1)$$

当把公式写成这样，我们就将不确定性包含在了计算中，用正、反两个方向的概率给向每个方向的步长加权。从这个关系式来看，我们需要知道第一步之后所处的位置，也可以写成以下等式（假设起始位置为 0）：

$$\text{位置}_1 = \text{位置}_0 + P(h)*(+1) + P(t)*(-1)$$

两个等式中在位置项之后的内容都是一样的。把位置$_1$的等式放入位置$_2$的等式中化简：

$$\text{位置}_2 = \text{位置}_1 + P(h)*(+1) + P(t)*(-1)$$
$$\text{位置}_2 = \text{位置}_0 + P(h)*(+1) + P(t)*(-1) + P(h)*(+1) + P(t)*(-1)$$
$$\text{位置}_2 = 0 + P(h)*(+1) + P(t)*(-1) + P(h)*(+1) + P(t)*(-1)$$
$$\text{位置}_2 = 0 + \sum_{i=1}^{t} 0.5*(+1) + 0.5*(-1)$$
$$\text{位置}_2 = 0 + \sum_{i=1}^{t} 0 = 0$$
$$\Rightarrow E[\text{位置}_T] = \text{位置}_0 + T \times (P(h) - P(t))$$

在这个简单的例子中，我们可以根据一系列抛硬币的期望结果推断出最终的期望位置 0，这一过程展示了一种很好的技巧——递归。在后面的章节中，我们会探究如何在计算机程序中使用递归。

从图 15.1 中，我们可以看出很多有意思的事情。第一，平均的期望值接近于 0。然而，单次的最终结果和时间序列上的任意一个点，很少恰好是 0；这就是平均表现和实际之间的差异。第二，我们可以有根据地猜测如果再走 200 步，结果会如何。要做到这一点，我们可以想象把这五个例子首尾相连，一个例子的终止位置是另一个的起始位置，后一个例子的终止位置平均来说也会接近于起始位置（就像之前的终止位置接近于起始位置 0 一样），但是它有可能回到 0，也有可能偏离 0 更远。如果真的偏离 0 更远了，我们继续进行模拟，结果甚至可能偏离得更远。尽管这并不是一个正式的推导过程，但仍然可以总结出，尽管平均来说终止位置应该是接近于起始位置，但还是有一定的可能性，最终位置偏离起始位置。

128

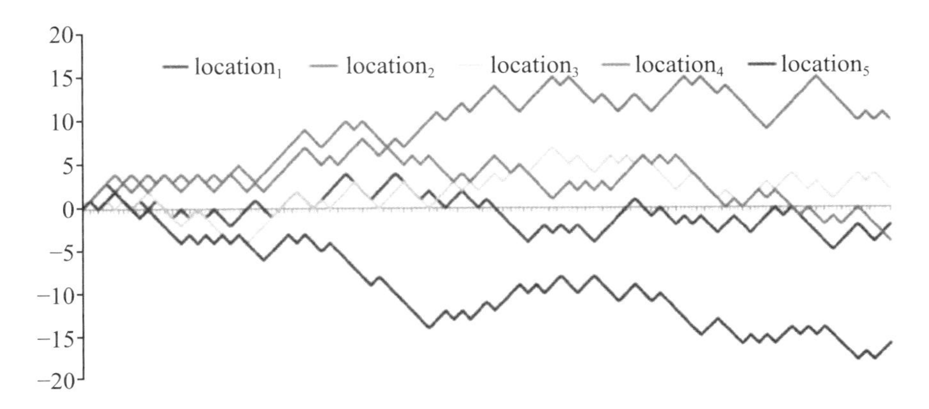

图 15.1　一维随机游走的五个例子。五个结果因为随机性而不尽相同，但我们也可以发现很多例子的结果都在 0 左右。有两个例子的结果偏离了 0，一个往正方向，一个往负方向。如果查看每个时间点的平均值，会发现这个值是接近于 0 的，但是方差会随着时间而变大

一维随机游走是最简单的随机游走算法，但还是有很多复杂和令人惊讶的表现。而更高维度的随机游走或者步与步之间存在的相关情况就会产生更复杂的动态行为矩阵。事实上，随机游走已经被用于对很多生理现象进行建模。爱因斯坦就用随机游走解释了布朗运动（一种由布朗通过显微镜观察到的悬浮在液体中的花粉颗粒的混乱状态）。[1]

随机游走和与之相关的扩散模型概念（Smith & Ratcliff, 2004）已经被广泛应用于解释反应时数据，而反应时是心理学实验常用的因变量指标。接下来，我们将会展示一些反应时测量的内容，然后介绍一种在心理学实验中对反应时进行建模的方法。

15.3　测量反应时

反应时是心理学和神经科学在实验中使用最久的测量指标之一。赫尔姆霍茨（Helmholtz）可以被认为是最早使用这一指标的人。在 19 世纪末，关于神经传导速度是否可以被测量存在着争议。一些学者认为神经传导几乎是瞬间发生的，其中就包括赫尔姆霍茨的一位老师——约翰内斯•缪勒（Johannes Müller）。但是，赫尔姆霍茨用一套简单的设备刺激青蛙的神经，并且测量到了肌肉收缩。通过移动刺激电极

129 位置，可以改变刺激点到肌肉的距离。通过比较刺激和肌肉收缩的时间差以及距离差，赫尔姆霍茨计算出了神经传导速度。[2]

既然神经传导信息的时间足够长到可以被测量到，早期的心理学家自然而然就假设传导一个想法的时间也是可以被测量的。进而，通过把行为任务仔细地划分为不同部分，我们可以把认知操作分割开来，单独测量每个部分的反应时。

对心理过程进行计时分割的早期代表人物有唐德斯（Donders）和冯特（Wundt）。[3] 在那个时代，要测量毫秒级别的反应时需要先进的计时技术，即使顶尖的心理学实验室，如果没有希普计时表（Hipp chronoscope），也没有办法做到。[4] 那是一种笨重的仪器，经常需要校准和精心的维护，但是所能达到的精度和今天一台普通电脑差不多。主要是因为使用电脑来呈现视觉刺激实际上会受到屏幕刷新率的限制，而刷新率表示电脑多久会用新的内容更新掉正在呈现的内容。尽管如此，这在计时的精度上已经远高于大部分人类心理物理过程所需。希普计时表是贵重且稀有的设备，而现在电脑却很普遍，这给予了电脑拥有者完成自己的心理学实验的能力。此外，到目前为止，编程技术可以使我们轻松地编写自己的简单任务。

15.4 检验反应时的模型

反应时数据的一个特点就是不符合正态分布。正态分布又叫高斯分布（Gaussian distribution），是我们所熟悉的用于分等级时的钟形曲线。但是，高斯分布并不是仅有的钟形的概率分布。

我们知道，反应时不可能是正态分布的一个原因是反应时的分布是以 0 为边界（反应时必须是正数），130 正态分布的取值范围却可以从负无穷到正无穷。更重要的是，大多数反应时的分布都不是对称的，一般都倾向于右边。这意味着这个分布不以峰值为对称，因为尾部有更多较长的反应时（见图 15.2）。

练习：反应时是正态分布的吗？

用你收集或者下载的数据画一个直方图，查看反应时的分布是否对称。如果不对称，反应时的哪一边（即那些明显小于或大于众数的反应时）有着更长的尾迹？

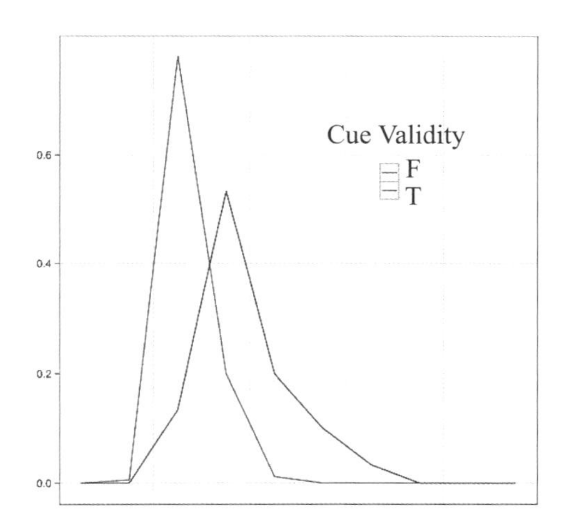

图15.2 波斯纳任务（Posner Task）的反应时数据。图中展示的分别是有效线索和无效线索条件对应的反应时分布。无效线索条件下的平均反应时更长。这些数据是用下一章所介绍的程序收集的

反应时数据对于很多心理学实验都很重要。有很多关于反应时数据建模的工作，其中一些反应时模型属于描述性模型，而另外一些属于机械论模型。描述性模型会基于反应时数据提出一个假设性的概率分布，然后用收集到的数据去拟合这个模型。机械论模型则是对反应时任务过程中的每一步骤提出假设，根据这些假设去重现数据的实际分布。计算模型的一个重要作用是可以探索实验条件的变化如何预测实验结果的变化，而只有机械论模型可以做到这一点。上文已经提过，一个很常见的简单决策任务的反应时的机械模型就是边界扩散（diffusion to bound）模型（Ratcliff & McKoon, 2008）。这个扩散过程就是随机游走，这一算法的不同形式现在已经被广泛应用于解释人类行为和神经元层面的决策加工过程。

> 尽管正态（高斯）分布的公式比较复杂，但是它可以被简单地看作伯努利随机变量的累积。伯努利随机变量是只有两种结果中的一个，比如左或右。这可以通过数学方法来证明，不过还有更直观的实例，比如豌豆机器。[5] 这是道尔顿发明的，它展示了一系列的朝左或朝右的随机决策如何自动产生正态分布。

反应时的随机游走模型

扩散模型是一个被广泛应用的反应时模型，但是它在数学表达上很复杂，有很多参数。最近研究者们已经在尝试将其简化，使其更易计算，也让其内在的逻辑也更为浅显。我们可以用一个简单的扩散模型对一个简单的决策过程进行建模，将其看作扩散达到边界。在一个二选一的迫选任务中，就像我们在本书边码 137 中的工具包一样，我们可以想象我们的反应通常是发生在积累了一定量的证据之后，当且

仅当我们掌握了足够的证据时，我们才会做出反应。因此，反应时包含了动作反应的时间和用来做出“当下”这一决策的时间，前者时长是相对恒定的，后者则相对可变性较大。

在二选一的迫选任务中，我们很容易设置两条边界，每一条对应一个选择，但是为了让问题更简单，我们甚至可以只设置一条边界。如同之前所述，我们最好尽量从最简单的模型开始，只有当数据拟合不好或者有较强的理论假设时，我们才会添加更复杂的内容。

我们的简单决策模型有两个理论概念要理解。假设我们有一个点会根据随机增加的步数上下移动，但总的来说，这个点最终会往某个方向移动。这恰恰反映了存在某一条边界的证据。这个点在往边界移动的总趋势大小叫漂移率（drift rate）。模型的第二个成分是到边界的距离，这是我们用来表示需要累积证据的程度。从起点到边界的这一段距离用 Θ 表示，代表阈值（见图 15.3）。

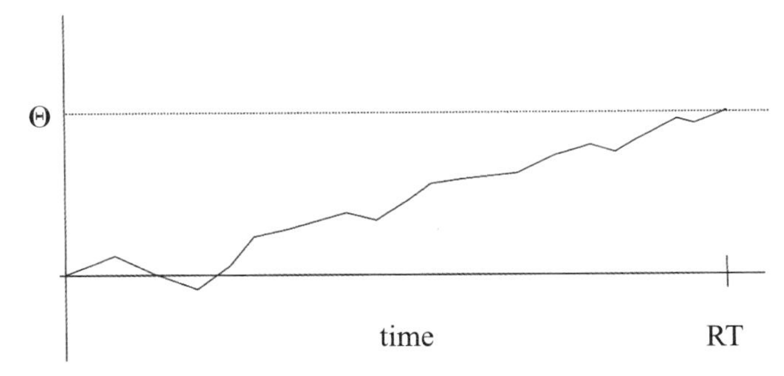

图 15.3　反应时的随机游走模型理想的情况。随机游走中证据不断累积，直到达到阈限。到达边界的这个时间就是我们在行为上观察到的反应时

这一简单模型有三个地方可以被改变。我们可以调整漂移速度。这个参数和证据的质量有关。如果灯开着且我们戴着眼镜，那么我们就可以很快认出（较大的漂移速度）我们的朋友，但是如果我们在昏暗灯光下且镜片脏了，就不会那么容易认出（较小的漂移速度）我们的朋友。每一步的步长使我们对整个过程进行了分解。而起点和边界之间的距离表示我们的标准。如果我们是要寻找丛林中的老虎，那可能会把标准设置得比较低。即使有一些虚报，也总比被吃掉好。在另一种情况下，比如判断某个东西是否存在，可能就会把标准定得非常严格，因为选错可能会浪费我们的资源。

从前面的内容可以看出，随机游走模型的成分和影响简单决策的重要因素之间有着明显的相似之处。如果我们假定某个实验操控可以影响某个加工过程，我们就可以收集数据，然后将反应时数据的拟合结果与这个模型比较。如果和我们假定的加工过程相关的参数随着实验操控而改变，那么可以部分确认我们的理论假设。

132

练习：随机游走是好的反应时模型吗？

为了研究这个问题，我们把之前的抛硬币的练习做一些改动。我们需要设置平均漂移速度和步长的参数。随机步长从一个给定均值和方差的正态分布取值。如果正态分布的均值是正数，那么我们抽取的随机样本也更有可能是正数。一系列正数加在一起，得到的就是增长。

为了计算反应时，我们需要计算达到阈限之前走了多少步。我们还需要设定阈值，然后把这个过程重复很多次，就如同在一个实验中，需要很多个试次和被试一样。之后我们就可以用模拟数据画出直方图，并且和人类的表现相比较。

1. 在电子表格里创建一列叫“参数”。为步长设置均值（μ）和标准差（σ），设置阈限 Θ。

2. 创建一列随机数。把正态分布转化成标准正态分布，具体操作是减去均值之后再除以标准差。因此，把一个标准正态分布转化为有特定的均值和标准差的正态分布，只需要进行逆向操作：乘以标准差之后再加上均值。

3. 一些电子表格软件里并没有产生正态分布的随机数的内置函数，但电子表格软件都可以产生0到1之间的随机数，通常是用rand函数。如果有这样的功能，就可以用这些来生成一个标准正态分布的变量：=（SQRT（−2*LN（1 − RAND（）））*COS（RAND（）*2*PI（）））。这种转换叫Box-Muller转换。

4. 在相邻的一列中计算累积和。

5. 在累积和的相邻列，检查它是否超过了阈限，可以用if函数来检验：结果为假，就记为0；结果为真，就记为1。然后在底部用countif函数来计算0的个数，这个值就是反应时。

6. 把以上过程重复多次。要记住每次你在电子表格里更新一个值，所有的rand函数也会更新。因此，用电子表格实现这一过程，你得手动记录所有的单个试次的反应时。在电子表格软件中，没有简单的方法可以把这一过程重复多次而得到结果。

如果你觉得电子表格的方法有限制，可以尝试通过写程序实现，只需要把每个重复的试次用循环实现就可以。下面是一个例子：

列表15.1 模拟数据的简单Python模型

133

```
import random as random
import matplotlib.pyplot as plot
```

```
mu = 0.25
sigma = 0.25
thr = 10
trialNum = 1000
rts =[]
for i in range(trialNum +1):
    start = 0
    timer = 0
    while (start < thr):
        myrndnum = random.normalvariate(mu,sigma)
        start = myrndnum + start
        timer = timer + 1
    rts.append(timer)
plot.hist(rts,20)
plot.show()
```

尽管开始学习编程和放弃自己熟悉的平台会有一定的代价，但最终对你还是有很大好处的，可以帮你节省时间，也让执行过程更清楚。

随机游走模型是积累证据的好模型吗?

在这个例子里，哪个参数应该是变化的?

正如上文提到的，在很多心理学实验中，从刺激呈现到做出反应的阶段可以被形容成证据积累的过程。随机游走算法很容易被运用到这样的实验中。神经科学和心理学上对感知觉信息的处理过程，是一种夹杂了噪声的信息积累过程。当证据积累到某个“足够”的临界点时，人就会做出决策，并进行口头报告或者按键反应。

当非常确定会发生什么的时候，决策的阈限就可以朝着信息的初始值降低一些。当确定会发生什么的时候，甚至可以在刺激呈现之前就做出反应。我们不需要太多证据来确认我们的猜测，这就导致了阈值的下调（或者基线的上调）。

当设置好漂移速度、阈值，以及知道过程中有多少噪声后，我们就可以在特定实验中测试反应时的模型了。对照波斯纳线索任务（Posner cuing task）的设置（Posner, 1980），在80%的线索是有效的情况下，我们非常确定目标会出现。因此，我们此时比在线索无效的情况下需要更少的信息就可以做出反应。如果你有这个任务的反应时数据，你可以检验线索有效性的效应如何被反应所需的证据质量所调节，并且这一线索有效性优势并不会被证据累积过程中的效率所反映。

134

练习：有效线索试次和无效线索试次之间的差异

- 有效线索试次和无效线索试次的行为数据的特点有什么区别？
- 你感觉随机游走模型的哪些方面最能解释这些可变性？
- 你能否从这些数据的直方图或者统计分析中分辨出阈限或者累积速度的差异？

用反应时数据拟合随机游走模型

边界扩散模型的数学形式很复杂。如果有必要如此复杂，那也行，但事实上并不需要。我们应该尝试随机游走模型的简单版本，看看它们是否足够来检验我们的想法。我们使用的模型越简单，能理解的人就越多，而那些造成我们所观察到的效应的背后原理就会更清晰。

如果将反应时数据和模型进行拟合是你研究项目中的主要工作，那么你应该仔细考虑好好学一下完整的扩散模型。然而，一个简单的模型就足以实现很多目标了。我们将使用瓦根马克斯（Wagenmakers）等人（2007）提出的EZ扩散模型。

EZ扩散模型有两个关键特点：漂移速度和阈限。此外，它还有另外一个特征：非决策时间。这是由于在任何反应时任务中，总会有一段固定时间在各个条件下保持恒定，与不随实验操作变化的活动有关。我们在分析反应时数据时，并不会去估计决策时间，而是致力于估计漂移速度（在瓦根马克斯的文章中用v表示）和两个决策边界到起点的距离（用a表示）的分离。瓦根马克斯在文章中给出了拟合数据的微分方程，在这里我们重新列出了这些方程。要估计v和a，我们需要知道反应时的方差和正确率。

> 用电子表格实现这一过程的想法来自肯尼索州立大学的蒂姆·马丁（Tim Martin）。

我们用下面的公式来拟合模型：

$$v=\mathrm{sign}(P_C-\frac{1}{2})s\left\{\frac{\mathrm{logit}(P_C)\ [P_C^2\mathrm{logit}(P_C)-P_C\mathrm{logit}(P_C)+P_C-\frac{1}{2}]}{VRT}\right\}^{\frac{1}{4}}$$

$$a=\frac{s^2\mathrm{logit}(P_C)}{v}$$

$$\mathrm{logit}(P_C)=\log(\frac{P_C}{1-P_C})$$

这里的s是比例参数，通常设置为0.1，VRT表示反应时数据的方差，P_C是正确率。

后两个值是根据真实数据计算的。

练习：用EZ扩散模型拟合数据

创建一个电子表格，变量包括反应时、反应时方差和正确率，把这些值输入上面的公式中。你可以用电子表格中的计算功能（图 15.4）或者写一个简单的程序。

比较漂移速度和有效/无效试次的边界分离的估计值，讨论你的观察值和模型结果是否符合最初的假设，即这一效应会被到阈限的距离所调节。

	A	B	C	D	E	F	G	H	I	J	K
1		MRT	VRT	P_C		MRT	VRT	P_C	drift rate	boundary	NDT
2	1	0.274	0.0058	0.993		0.274	0.0058	0.993	0.44489	0.11137	0.15058
3	1	0.385	0.00966	0.958		0.385	0.00966	0.958	0.32202	0.09711	0.24688
4											
5											

图 15.4　拟合数据的电子表格。这里有用EZ扩散模型拟合的200个试次的反应时数据。根据这些数据，有效试次和无效试次的差异如何表示？有效数据是最上面一行。你对此有什么推断？

15.5　总结

在这一章中，我们用一个具体的例子学习了如何利用概率分析我们在神经科学和心理学实验中记录的数据，以及如何应用概率对数据进行建模。

概率在模型中的应用让我们可以分析真实数据中体现的可变性。除了反映出真实的情况，我们还能把这种可变性作为新的方法来对认知过程进行建模。根据这些模型，可以找出不同实验条件下相关认知过程的异同。

概率的主要用途之一就是用在对反应时的建模中。反应时模型不仅可以被抽象地看作一种数据拟合（图 15.5），还可以看作有限时间内的所有认知过程的总和，这些认知过程需要在做出行为反应之前执行完成。我们可以通过反应时数据推导模型，再从模型得出有关认知过程的结论。

	M	N	O	P	Q	R	S	T	U	V	W	X	Y	Z	AA
1	sign function	logit(pc)	pc^2logitPc	Pc*logitPc	numerator		v(drift rate)	a(boundary separation)	y	exp(y)	a/2v	MDT	Ter(non	decision	time)
2	1	4.95482051	4.88569581	4.92013677	2.272077752	4.44886	0.4448861	0.1113727974	-4.954821	0.00705	0.12517	0.12342	0.15058		
3	1	3.12717816	2.87001154	2.99583668	1.038769966	3.22022	0.322022	0.0971106944	-3.127178	0.04384	0.15078	0.13812	0.24688		

图 15.5　这张图呈现了上述拟合过程中的中间步骤

第16章

插曲：用Python编写心理学实验程序

16.1 为自己的研究编写Python程序

在各插曲章，我们已经逐步熟悉了计算机编程的术语和方法，并且我们也使用Python对此进行了介绍。Python是一种解释型命令语言。近些年，随着Python的流行，许多基于Python的心理学实验和计算机建模的工具包得到了开发。工具包，有时也称模块或库，是指把一系列代码和函数打包在一起，因为这些代码和函数有着相同的应用领域或者执行类似的功能而被组合在一起。Python的工具包通常是用Python语言写的，这意味着你可以用Python的知识去理解一个被导入的函数能实现什么功能以及如何实现。而另外一些工具包为封装器，是用其他编程语言写的，封装好之后可以直接在Python里使用。尽管Python的工具包质量普遍都很高，但作为一门流行的语言，它很容易变成业余爱好者的工具。在网络上找到的某个工具包，也许是一个业余人员写的。在将一个工具包用到自己的研究或者职业用途的时候，一定要了解它的来源。通常来说，Python大量的用户群保证了最常见的那些工具包都是被很好地检验过的，可以发挥应有的功能。

可以被用于研究的Python工具包包括：

Numpy和Scipy：用于数值和科学计算的两个很常用的工具包。[1]

Matplotlib：高级画图的工具包。[2]

Brian：神经网络模拟器。[3]

PyNN：建立神经网络模型的通用仿真语言。[4]

DataViewer3D – DVD：脑成像数据可视化工具。[5]

VisionEgg：视觉实验的工具包。[6]

138

PsychoPy：编写心理学实验的工具包。[7]

OpenSesame：可以编写简单心理学实验（比如问卷或反应时测量）的拥有操作化界面的开放性源码工具包。[8]

16.2 PsychoPy工具包

我们将要用PsychoPy来编写一个简单实验来测量反应时。这个程序可以被用来产生第 15 章中建模需要的数据。

项目：编写一个Python程序来测量反应时

这个项目有很多步骤，许多读者可能会觉得太有挑战性。不要绝望，耐心一点，学会寻找帮助，坚持下去，多练习就会变得简单了。

首先，你需要安装Python和PsychoPy工具包。有很多方法可以下载Python。也许你已经在电脑上安装了Python，但是额外安装那些必要的包对初学者可能会很困难。如果安装一个已经包含了那些必要的包的独立版本，对开始学习Python会简单很多。PsychoPy下载界面包括了适用于一般操作系统的独立版本的下载链接，还为自学者和有经验的使用者提供了非常详细的指导。[9] 要注意这些安装包可能很大（大于 100MB，以便你计划何时何地下载它）。

在安装好PsychoPy之后，你就可以使用它了。我们建议使用coder开发环境。PsychoPy有两种方法可以编写实验程序。Builder方法包含一个图形化界面，只需要拖拽控件。它看上去对初学者更友好一点，但是这种友好是有欺骗性的。你无法知道底层到底发生了什么，当你需要去完成一些非标准化的程序时，你就会遇到困难。而coder可以完成你想要完成的内容，并且可以和PsychoPy之外的工具包混合使用来完成自己的程序。

> 对于一个真正的实验来说，你肯定需要进行额外的检查，确保程序可以顺利执行并且保存你想要的数据，这里我们的目的只是让你们开始学习写程序。

在任何编程任务中，最重要的一步发生在你开始敲代码之前。你需要制订一个详细的计划。现在我们准备编写波斯纳线索任务（Posner, 1980）。在开始之前，对于你的程序所要实现的功能，我们需要确定大致的结构。这个计划阶段很简单，只需要在草稿纸上用框和箭头图列出程序的逻辑流程图。当你对于项目有总体的规划时，写一个好的程序就会容易得多。对于波斯纳任务，说明如下：

1. 屏幕中央呈现注视点。

2. 箭头线索出现在屏幕中央。它可能指向左边或者右边，当指向某一边时，有80%的可能性这一边会出现目标。

3. 目标出现在左边或右边。

4. 收集被试发现目标时的按键反应。

5. 重复200个试次。

6. 保存数据。从数据中，我们想知道线索是否有效，目标出现在哪一边，被试花了多久进行反应（即反应时）以及反应正确与否。

139

下一步就是把设计思路转化为代码。当你打开PsychoPy的时候，它可能是在builder的图形化界面。关掉builder，打开coder视图（在View这个菜单下），会呈现一个空白界面。从一个空白界面开始是编程中最可怕的时候，但只有很少人需要这样做，更普遍的做法是通过在一个现成的代码上进行修改或扩充来写程序。比如，你拿到现在这个版本的代码去运行之后，你可以进行修改以满足自己的其他需求，可以先从一小段代码开始，并反复测试你的代码是否正确。

列表16.1 最开始的代码

```
from psychopy import visual,core
expWin = visual.Window(size =(400,400))
core.wait(2.0)
core.quit()
```

这部分代码其实是一个可执行程序。想自己实现的话，先新建一个文件（在File菜单下），输入以上代码，点击绿色的Run。给这个文件取名，并保存至某个位置，以便可以再次利用。我们把程序命名为posner，然后保存在桌面。如果你已经正确安装PsychoPy，就不需要输入其他任何内容了，一个灰色窗口会在你的屏幕上弹出，持续两秒钟，又自动关闭。这样你就已经写完一个Python程序了。

这本书并不是Python编程指导手册，所以我们的注释都很简单，进行得也很快。我们的目标是让你积累信心。如果你把我们写的代码全都原样输入，就可以看出程序的结构了。

在以上的代码段中，我们告诉Python我们需要两个PsychoPy中的对象。Visual那一段代码让我们打开一个窗口并且可以呈现视觉内容，core那一段代码则让我们可以进行计时以及方便地打开和关闭如文件之类的对象。

证明上面展示的代码可以成功运行之后，我们可以在空白处开始填充更多的内容。我们还需要定义一些变量，如试次数量和线索有效性等。此外，我们还需要变量来存储收集到的数据。我们会使用空列表来完成这个目标，因为列表很简单。

列表16.2 一些细节

140

```
from psychopy import visual,core
import random as random
maxTrials = 5
validity = 0.8

rt=[]
tn =[]
cueside = []
valid = []
correct =[]

fix="+"
arrows =["left","right"]

expWin = visual.Window(size = (400,400))
fixspot = visual.TextStim (expWin,pos = (0,0),text = fix)
fixspot.draw()
expWin.flip ()
core.wait(2.0)

core.quit()
```

再次运行这个程序以确保没有任何错误。要记得时常检查你的代码是否正确，这会让你更容易发现那些经常发生的错误。如果你在两次测试之间已经写了很多才发现代码有问题，就很难去定位错误在哪里。

注意在程序中，我们导入了不属于PsychoPy的其他工具包。Random包可以生成随机数，用它来打乱试次，以避免被试可以预测到。

我们给maxTrials赋值了一个很小的数值。当然实际上的试次数量不止这么多，但是测试的时候，较小的值会更好。我们不想运行200个试次来测试程序是否可以运行。我们用方括号定义了一个空的列表，准备用它来存放收集的数据。

这个程序还展示了如何将内容呈现到我们的电脑屏幕上。大多数电脑有两个缓冲区来储存将要呈现在屏幕上的内容。在我们的代码中，我们创建了加号作为注视点，先把它放在屏幕中央，再把它画出来。Draw是适用于所有视觉对象的函数，甚至可以绘制看不到的东西。Draw会把信息存放到后台隐藏的缓冲区，只有通过flip才能把内容从后面的缓冲器呈现到前面的屏幕上，让我们看到执行结果。所有对象都要被Draw，然后窗口flip，才能被我们看到。

下面的代码块就是完整的程序，你可以看到它是如何把所有步骤结合到一起的。如果你正确地复制这些代码，它可以直接运行，你就可以用这个程序去收集反应时数据，然后应用到第15章中的模型拟合的练习里。

141

列表16.3　最终版本

```
from psychopy import visual,core,event
import random as random
maxTrials = 200
validity = 0.75
fixTime =0.25
arrowTime = 0.5

rt = []
tn=[]
cuoside = []
valid = []
correct = []

targSide = 'z'
fix = "+"
arrows =["<",">"]
targetSymbol="#"


#Making our windows and stimuli
expWin = visual. Window(size = (400,400), fullscr = 1)
fixspot = visual.TextStim (expWin,pos = (0,0),\
                              text = fix)
leftArrow = visual.TextStim(expWin, pos=(0,0),
                           text = arrows[0],\
                              height = 0.2)
rightArrow = visual.TextStim(expWin, pos=(0,0),\
```

```
                                        text = arrows[1].\
                                        heioht = 0.2)
target = visual.TextStim(expWin, pos = (0,0),\
                                  text = targetSymbol, \
                                  height =0.4)
expTimer = core. Clock()


for i in range(1,maxTrials+1):
    fixspot.draw()
    expWin.flip()
    core.wait(fixTime)
    if random.random () < 0.5:
        leftArrow.draw()
        cueside.append("L")
        targPos = (-0.5,0)
    else:
        rightArrow.draw()
        cueside.append("R")
        targPos = (0.5,0)
        targSide ='slash'
142     expWin.flip ()
        tn.append(i)
        core.wait(arrowTime)
        if random.random ()< validity:
            valid.append("T")
        else:
            valid.append('F')
            targPos = (targPos[0]*(-1), targPos[1])
            if cueside [-1] == "L":
                targSide = 'slash'
            else:
                targSide = 'z'
        target. setPos(targPos)
        target.draw()
        expWin.flip()
        expTimer. reset ()
```

```
        buttonPress = event. waitKeys ()
        print(buttonPress)
        rt. append(expTimer. getTime ())
        if (valid[-1] == "T"):
            if (buttonPress[-1] == "slash" and \
                    cueside[-1] == "R") or \
                    (buttonPress[-1] == "z" and \
                        cueside[-1] == "L"):
                correct.append("T")
            else:
                correet.append("F")
    else:
            if (buttonPress[-1] == "slash" and \
                     cueside[-1] == "R") or \
                     (buttonPress[-1]=="z" and \
                         cueside[-1]=="L"):
                correct.append("F")
            else:
                correct.append("T")



f = open ("./ posnerData.txt",'w')
f.write("TN\tCue\tValid\tReaction Time\tCorrect\n")
for i in range(0,maxTrials):
    f.write(str(tn[i])+"\t"+cueside[i]+"\t"+ valid[i]\
                +'\t'+str(rt[i])+'\t'\
                + correet[i] + "\n"]
f.close()

core. quit ()
```

当你完成了一个可以正常运行的代码时，你可以调整一些内容来证明它的有效性，改变试次的数量或者改变呈现在屏幕上的内容。PsychoPy不仅可以呈现文字，还可以呈现图片。查看visual.PatchStim这个对象以获取更多信息。

143

16.3 总结

这一章节有点像是我们接触Python语言以来的总结，从最初开始学习类似循环和条件语句这样的基础编程知识，到学习函数。现在我们看到如何将这些组合起来完成一个实际的程序，并用来实现某些目标。在本书后面的章节中，我们还会看到像函数式语言这样的其他类型的编程语言。

第四部分

认知建模的逻辑和规则

第17章

布尔逻辑

学习目标

在阅读完本章后，你可以：

- 理解命题逻辑的基本概念；
- 理解命题逻辑与谓词逻辑之间的区别；
- 理解布尔函数是如何实现这些概念的。

17.1 概述

现在，我们的旅程已经从确定性计算走到了概率性计算。我们之前已经在单个神经元、多个神经元、小型神经网络、反应时等个体测量的水平上进行了建模。现在我们将扩展到可以进行决策且具有认知功能的智能体（agent）的层面。很多这个层面的心理学模型都采用了人是理性行为者的假设。理性是一个基准概念。这里的基准是指，它是人们应当采取的利益最大化的行为方式。而他们是否真的这样做，则是一个经验性问题。在这一研究领域中的不同研究兴趣，包括那些专注于调整他们的模型以准确描述人类是如何偏离理性的研究者，以及描述最理想智能行为的研究小组。后者可能会从人类的认知过程中寻找灵感，但他们的研究对象并不会受到人类能力的限制。

在大部分这类研究中，数学占据着核心地位。而在智能体等领域中，另一个相关的主题则是逻辑。事实上，一些研究者会假设某些人工智能会遵循特定的逻辑，如一阶逻辑和谓词演算，并用它们对思维进行建模，这同样也是通用人工智能的基础。

本章中我们将会回顾逻辑学背后的数学，尤其要介绍方言（vernacular）和记法

（notation）。之所以有必要对它们进行介绍，是因为这些专业术语在使用者和一些简单的想法之间竖起了巨大的障碍。如果我们使用术语肯定前件（modus ponens），你可能不知道我们在说什么。如果我们说$A \cap (A \supset B) \rightarrow B$，你也许同样会产生困惑。但是如果你想知道为什么当$A$包含$B$且$A$为真时，能得到$B$为真的结论，理解这些暗号是必要的。

当然，对于逻辑学家来说，这些短语并不是什么暗号，而是他们的科学术语，是逻辑学术语这个领域约定俗成的用语。这些术语能够加快交流，并精确描述想法。而当想法以不够精确的方式表达时，很容易引起大家的混淆。关键的一点是，这些短语和表达式通常能够翻译成我们熟悉的想法和陈述方式。

148

正如在对累计放电神经元建模前，先了解一些微分方程的知识会有好处一样，对一阶逻辑数学思想的理解，也同样能够提高我们使用ACT-R或NetLogo等程序进行建模的能力。

17.2　数学逻辑的起源

AI是近期产生的学科，但是其背后逻辑学的起源则非常久远，从一位哲学家著名的三段论中也许能看出这一点：

- 所有的人都是会死的。
- 苏格拉底是人。
- 因此，苏格拉底会死。

三段论是一种逻辑结构，会从先前的一系列假设中得出必然为真的结论。三段论起源于亚里士多德——亚历山大的老师，也是柏拉图的后继者，而柏拉图则是苏格拉底的弟子。

逻辑的经典形式非常僵化。在整个中世纪，亚里士多德式方法就是标准。人们承认逻辑和数学之间的关系，但是使用数学处理逻辑关系的方法尚未明确。布尔的逻辑代数的重要性可以和笛卡尔的几何代数相媲美。当笛卡尔证明了代数和几何之间存在着对应关系时，布尔也在逻辑学和数学之间做了相同的事情。两者的发展都使得数学家可以在不同的领域之间来回踱步，并使用最有帮助的方法证明他们的理论，从而使得相关领域得到快速发展。

布尔时代中，因不同的用语所产生的悖论展示出了逻辑的魅力。上面三段论中的“会死”是什么意思？我们如何确定谁是苏格拉底？这些细节在特定的应用场景下很重要，但是从一般的视角来看并不必要。通过使用符号来替换冗长的语句，可以减少这些语句中的歧义。随后，我们就可以将注意力放在各个命题间的关系上面。为了将逻辑应用于个人的研究场景中，我们仍然需要考虑如何将特定问题映射到通用逻辑符号（the agnostic symbols of logic）上，最终我们将能够判断我们的结论在逻辑上是否合理。我们只关注逻辑的符号操作，这存在着一定的风险。如果符号脱离了其语义环境，就存在这种风险，整个计算过程就没有了实际意义，也无法解决人类逻辑判断上的难题。

149

乔治·布尔（1815—1864）

数学逻辑学家们会对乔治·布尔是否应当被视作“逻辑学创始人”而争论不休。不过我们在这里关注布尔，是因为他的名字在计算机科学中非常常见。给予布尔创始人地位的一个原因是，他为了发展他的“思维”理论所付出的努力，使他对符号及其转换规则产生了兴趣，而“思维”理论也正是人工智能的核心。所以，即使他不是“逻辑学创始人”，至少也是人工智能的守护神。

布尔于 1815 年出生在一个经济条件一般的家庭。他的父亲对科技发展颇感兴趣，他还是一个为教育提供书籍和材料的机构成员。布尔的叔伯则在不断自学并做一些研究。

乔治·布尔通常被描述为一个活跃而好奇的年轻人。他在 10 岁时通晓了拉丁语语法，并自学了该语言和希腊语，后来，他还继续学习了其他语言。凭着对教育的兴趣和天赋，他在当地一所学校找到了一份教师的工作。为了增加收入，以便能够为家庭提供支持，他创办了自己的学校。

布尔在大量学术期刊上均发表过论文，包括著名的《皇家学会报告》（*Proceedings of the Royal Society*）[1]。尽管他并没有取得正式的学位，但他天赋异禀，广为人知。英国女王在爱尔兰建立大学时，她直接指派布尔承担数学教育相关的职位。

对于布尔而言，代数和逻辑之间的关系已存长久。从最早想法的萌生到 1847 年《逻辑的数学分析》（*A Mathematical Analysis of Logic*）一书出版，中间经过 20 年的时间。布尔随后出版了更为详尽的《思想律》（*The Laws of Thought*）。这两本书都可以通过古腾堡计划（Project Gutenberg）的网站免费下载。[2]

逻辑学可以通过不同的符号处理和引入变换来改进。对布尔来说，“x”“y”和“z”等符号可以代表对象的类别（例如，花或人）。“＋”“×”和“＝”，可以表示对这些类进行操作。“0”和“1”可以用来表示“无”和“万物”。

从上述观点可以引出，x即是任意的物体x。因为1代表万物，$(1-x)$就代表除x以外的一切物体，或者换一种说法，所有不是x的物体。这意味着我们可以把“−”视作“否认”或“拒绝”，其他类似的符号包括“¬”和“~”。

从很多方面来看，布尔逻辑的规则和我们在初中所学的代数是一样的。只有一种特殊情况，就是$x^2=x$。这是布尔二元法则。如果x代表一切物体，而$-x$代表一切不包含x的物体，我们会根据传统代数得到$(-x)\times(-x)=x\times x=x^2$。然而，现实中的物体不可能同时存在和不存在。因此布尔构建了这个替代定义。他基本上将乘法当作两类事物的交集使用，比如$x\times y$就是既属于x又属于y的那类事物，因此，$x\times x$就是x。

150

以上仅仅是对布尔观点的简单介绍，但是这反映了布尔是如何预见到能使用符号表征类别和计算的，也因此，他认识到了使用代数方法证明思想定律的价值。信息论的奠基人克劳德•香农（Claude Shannon）称，他通过认识到电器开关和布尔真值函数（Boole’s truth function）之间的关系，极大地促进了自己的研究。对于布尔和他的观点最佳的介绍是加瑟（Gasser）在2000年出版的著作。本部分的大部分信息均来自这本书。

17.3　并不仅仅只存在一种逻辑

在某些情况下，我们知道实情，而在另一些情况下，我们仅仅是相信一些事情是真的或者是假的。* 我们常常把这两种事情都称作事实。我们希望存在一个可以遵循的流程，通过它可以根据给定条件来扩展当前的事实集合。简而言之，这就是逻辑学家的工作：为我们提供扩展事实集合的合理方法。正如你可能想到的那样，我们不止有一种方法可以实现这一点。

逻辑学大厦是由那些既可以为真也可以为假的命题搭建起来的。例如，“今天是晴天”这一陈述，既可以为真，也可以为假。如果我们请你指明一条去滑铁卢的路线，这确实是一个不错的问题。但是“请问你能告诉我该怎么去滑铁卢吗”本身并不是一个可以判断真假的陈述。虽然这句话语法格式上并没有错，但是它不是一个可以判断真假的逻辑命题。

---

* 本章内容的相关参考资料见高尔顿（Galton）1990年出版的著作。

那些能判断真假的陈述就是逻辑命题。它们可以组合起来，形成一个集合：今天是晴天，今天是星期二，今天是秋天的第一天。但是把它们仅仅放在同一个集合当中，并不代表这个集合中的陈述就都为真。

当我们试图根据其他支持性陈述的特征，来确定一个新的陈述是真还是假时，逻辑就进入了关于真假的讨论。如果我们接受“x是偶数”“x是质数”这两个陈述均为真时，那么我们就能判断“$x = 44$”这个陈述是否为真。你同样可以使用这些陈述作为前提，来支持下面的这个陈述为真：此时有且仅有一个整数x。要注意的是，这里的逻辑结论是否为真，取决于前提假设的真假。我们可以做任何假设，即使我们知道这和事实相矛盾。因此，当我们说某件事在逻辑上为真，并不代表它是事实。事件的真实取决于这个命题的经验性证据。

151

命题逻辑

命题逻辑讨论的是陈述和命题。例如，“今天是晴天”这一个陈述或者为真，或者为假，但是只能两者择一。

那么其他的句子呢？比如“今天有些多云，这算是晴天吗？”正是因为这些模棱两可的语言，使得逻辑学家偏爱使用符号来表达陈述。逻辑学家们所感兴趣的是陈述的一般性规则，而并不是非常关心特定的陈述本身的真实性。

尽管“今天是晴天”的表述可能有些含糊不清，但“这个是A”却不是。这句话不是模棱两可的，因为根据定义，A只能处于“是”或者“不是”这两种状态中的一种。这就是为什么程序员只能使用true或false的值（如条件语句中使用的值；本书边码48），并将其称为“布尔变量”或简称为“布尔”（Boolean）。

在命题逻辑中，用来表述陈述真假的符号可以与其他符号结合在一起（表17.1）。

表17.1　命题逻辑的连接词

$\cup$	或
$\cap$	与
$\neg$	非

表17.2　“与”的真值表

A	B	$A \cap B$
T	T	T
T	F	F
F	T	F
F	F	F

我们能够比较两个不同的句子是等价（equivalent）的（≅）还是蕴含（entail）的［⊨，这个符号有时被称为“十字转门”（turnstile）］。一个虽然烦琐但是简便的方法，是使用真值表来进行判断。例如表 17.2 中所示的真值表。

为什么逻辑学家要使用抽象符号？请试着想出五个只能是真或假的陈述，看看别人是否同意你的观点。

在这个真值表中，我们写出了全部可能的符号组合。这里的A和B均可以为真或者为假。不过当符号数量增加时，这个要考察的组合长度及复杂性也会大大增加。这就是为什么使用计算机在构建真值表时会有一定的帮助。电脑很擅长做这样的一系列重复工作，它们也很擅长检查一行信息是否一致。在表格中，我们可以看到“与”连接符，在“∩”两侧的命题都为真时，整个命题才为真，否则整个命题为假。

152

练习：“或”的真值表

构建“或”（一个倒置的楔形符号或者直接写成“∪”）的真值表。

你可能觉得这个练习有些难。实际上，我们必须先弄清楚“或”的含义。在第 11 章中，我们遇到了两种不同的“或”函数。在日常用语中，“或”是包含两者均可的。如果你问我们是否去看电影或去吃晚餐，我们打算两件事都做，也可以诚实地回答“是的”，而“异或”（⊕），是在看电影或吃晚餐中两者择一，而非全选的时候才能为真。

练习：“异或”真值表构建

构建“异或”的真值表，并且将其与“与”“或”进行比较。你能同时构建“与非”的真值表吗？

“蕴含”或者“等价”这样的符号并不真的具有功能性或者连接性，它们是用来描述两个逻辑命题之间的关系的。这个关系也许是无论何时，当第一个陈述为真时，第二个陈述也一定为真。这意味着第一个陈述“蕴含”第二个陈述。对于两个等价的陈述来说，它们的“蕴含”关系是双向的。不仅仅是当第一个陈述为真时第二个也为真，同时也意味着当后者

如果你需要提醒自己这些符号的含义，请参阅表 17.1 和下面的段落。

为真时前者也同样为真。当两个陈述是等价的时，它们基本上是在说同一件事，而我们可以用其中一个来代替另外一个。

练习：演示“蕴含”和“等价”

我们将使用真值表来演示。先写下所有A和B命题的真或假的真值表组合，再写下$A\cup B$和$A\neg B$的真或假的命题。在此真值表旁边，重新写下B的真值表。

问题是：

- 是否$(A\cup B)\cap(\neg B)\vDash B$？
- 是否$(A\cup B)\cap(\neg B)\cong B$？

命题逻辑基本上就是布尔逻辑。命题逻辑可以判断可能为真或假的陈述。通过判别连接词和基本的组成要素，来判断陈述的真假或者等价。命题逻辑能解决的问题比这里展示的要多得多，但是这里仅仅想展示它和认知模型之间的关系。

153

谓词逻辑

写下这样一句话：“没人可以同时成为波士顿红袜队的球迷和纽约洋基队的球迷。”（可以随意替换成你最喜欢的一组竞争对手，例如曼城和曼联）。尽管这听起来像是你可以在命题逻辑中做出的陈述，但事实并非如此，你可以通过尝试使用上面介绍的真假命题符号和连接词把这句话表达出来，从而证明这一点。

这里我们想表达的是，否定任何人可以同时成为两支球队的粉丝的陈述。我们有两个命题：“是红袜队的球迷”$\cap$“是洋基队的球迷”。我们想说，上述两个陈述组合的否命题（$\neg$）为真。但是我们到底要否定什么呢？

从命题逻辑到谓词逻辑（有时也称谓词演算或一阶逻辑）的演变，在很大程度上是源于戈特洛布•弗雷格（Gottlob Frege）的工作。在20世纪初，这种逻辑类型在数学逻辑学家间流行开来。谓词逻辑中最令人惊讶的进步是引入了量词（quantifiers）。这些量词使我们能够对特定的部分做出有意义的陈述。例如，我们可以说“那里有一个人，这个人是洋基队的球迷”这个陈述为真，“他是红袜队的球迷”的陈述为真，那么“存在这样一个同时是两支球队球迷的人”的否命题就为假。正如表17.3所示，当数学家走到这一步时，他们已经用完了符号，并重新将一些字母用于新的用途。

表 17.3　谓词逻辑的量词符号

∃	存在量词	“存在”或“某些是”
∀	全称量词	“每一个”或“全部”

谓词逻辑用于判断有关“类”（class）的语句，这些类通常根据属性（properties）来定义。这便将逻辑与集合论联系了起来，我们也将其作为概率论的基础进行了讨论（请参阅第 14 章）。例如，我们把所有属于棒球迷的人定义为一个类。他们是全体人类的子集。谓词逻辑会对元素、对象、集合或类的属性进行声明。它使用变量表征这些集合的元素，并且用一些符号来反映元素和类之间的关系。

在谓词逻辑中，小写字母常用来表示公认的独立成分（如a），而大写字母则用来指定它们从属的类。另外，大写字母也常常可以表达具有某种属性的函数：比如“isa”属性（“isa”就是“is a”）。所以如果埃尔伯特是一个排球迷，我们能够使用大写字母“B”来表示他是一个（isa）排球迷。因此B（albert），或者更好的说法是B（a）表示一个函数，这个函数将埃尔伯特映射到真或假的结果上，这个结果取决于埃尔伯特是否真的是一个排球迷。我们同样可以使用R和Y分别表示红袜队（Red Sox）和洋基队（Yankees）的球迷。如果是两支球队的球迷，R（a）∩Y（a）应当判别为真，所以我们当初的命题可以写作：

$$\forall f \in F \neg(R(f) \cap Y(f))$$

154

这比刚才的写法更好吗？这就得具体问题具体分析了。如果你只是和你的邻居讨论这件事，而他并不是一个逻辑学家，那么这样写并没有显得更好。但是如果你想准确清晰且明确地表达的话，使用严密的符号严格的数学语言就很有帮助。这种写法能够避免口语的模糊性，并且更加通用。尽管这里已经定义了函数R和Y的含义与棒球球迷有关，但是它们也可以被赋予任何其他的含义。如果我们对如上表达式有更多的理解，那么我们不仅能够用它来判断有关棒球的命题，也能够用来判断其他任何有着相同结构的命题。一旦我们对于特定的判断规则有着正式的表述词汇，我们就能够用来编写计算机程序。而计算机比起我们，它更擅长持续稳定地重复应用规则。

在下文中，我们将会看到，很多认知结构也需要构建类似的规则和谓词断言，就是对事物最基本的命题以及对它们的属性的声明。其中我们要关心的两个要素是：事物的属性及其适用条件。

“谓词”是我们在之前有关“如果”（if）命题的部分所了解到的，它是对正误的判断。在“约翰是一个棒球迷”这个命题中，我们所指的是一个特定的客体“约翰”，而我们的谓词是“是一个棒球迷”。这个谓词用在这个客体上时，真或假都有可能。虽然到目前为止，我们的演示中谓词仅仅指向了一个客体，但是我们也可以将它用于两者之间的关系中。“约翰和简是表兄妹”正是对约翰和简两人关系的判断。这个命题可以为真或为假，但是这同样是一个合理且明确的谓词判断。

谓词逻辑基本上称得上是一种语言。就像我们的语言（比如汉语）中存在着具有特定含义的词汇，以及根据词的类型，来指定词汇相组合方式的语法一样，逻辑中也存在符号（类似于词汇），以及用于指定它们可能的组合方式的语法。因此，在我们的语言和逻辑学中，都存在着符合语法逻辑，但表意却荒谬的句子。同样的，也存在某个句子有一定的含义，但不符合语法规则。这就是我们直觉上可以区分的有效陈述和有意义陈述（sound statements）。有效陈述符合规则，但不一定为真或者为假，而后者既需要符合规则，同时也需要为真。

注意：实质蕴含

我们常常见到人们（非逻辑学家）在数学中使用右向箭头，他们说，这个箭头的意思是“蕴含”。但是逻辑学家往往不这样使用。简而言之，当逻辑学家使用右向箭头的时候，它指代“同等”含义，既不多也不少。

练习：实质蕴含的含义是什么？

这个练习中我们需要理解实质蕴含的含义，以及它和我们平常所说的“蕴含”*有什么区别。

- 在 $A \rightarrow B$ 中，假设 B 为真，那么我们能够得到 A 一定为真或者为假的结论吗？
- 在 $A \rightarrow B$ 中，假设 B 为假，那么我们能够得到 A 一定为真或者为假的结论吗？
- 如果把 $\rightarrow$ 换成 $\Longleftrightarrow$，答案又是怎样的？

155

右向箭头（$\rightarrow$）以及包含符号（$\supset$）甚至双线箭头（$\Longrightarrow$）†，常常读作“蕴含”或者“if–then”。正如之前的练习所表达的那样，在逻辑学用语中，它们与我们日常交流中“蕴含”的含义并不完全相同。然而，正是这种“if–then”解释，将谓词逻辑和产生式系统结合在了一起，而产生式系统是很多认知模型和认知结构的基础。这些构成了第 21 章的理论基础。

---

* 又称为语义蕴含。——译者注
† 双箭头更多的时候用于语义蕴含。——译者注

17.4 总结

在本章中，我们鸟瞰了逻辑学领域。逻辑学不仅仅是一个学科，也是用于表达一系列基于规则的系统的术语。逻辑旨在说明我们如何合理地从某些命题推断到其他命题。为了控制日常用语的歧义问题，大多数逻辑系统都会将简单的命题抽象为符号，并使用符号来描述可以进行的各项操作。尽管乔治•布尔是使用逻辑来描述思想的第一人，但如今最常用来进行认知建模的是戈特洛布•弗雷格（Gottlob Frege）的谓词逻辑。它的创新性体现在这个令人愉悦的词语中：存在量化。在接下来的章节中，我们会看到如何将这些思想作为为高级认知过程进行建模的基础。这些理论并不止步于此，它们还可以对更高层面的智能体系统进行模型的构建。

第18章

插曲：使用函数式语言进行科学计算

18.1 函数式编程

在之前的插曲章节中，我们介绍了一些有关命令式语言的知识，并且展示了Python和Octave程序与脚本的例子。* 命令式编程是编制一系列连续的命令来实现，还有另一种编程语言，称为函数式语言。目前还没有函数式语言的客观标准，但是这种编程语言所强调的是计算过程对函数的求值，以及编程过程是对各个函数进行严密的组合。

在学习一些例子以后，这个概念也许会更清楚一些。如果我们想让你取一个数，对其先乘以 2，再平方，再减 5，那么我们按照命令式编程可以这样写。

列表 18.1 命令式编程伪代码

```
def compMath (x) =
    y=2*x;
    z=y*y;
    return (z-5)
```

这段程序将我们描述的过程分步，按顺序执行，并使用一系列的本地临时变量来存储结果。这段程序看起来很不错，而且能够执行我们想要完成的计算。从这个方面看，函数式编程可以作为另一个可选的“编程风格”，而函数式编程语言能够实现这种风格。

---

* 程序、代码和脚本之间的区别不明显。给计算机写指令就是编码。如果它是一组运行后退出的简短指令，那么它可能是一个脚本。

列表 18.2　函数式编程伪代码

```
dbl x = x * 2
sqr x = x * x
sub5 x = x-5
compMath x =(sub5.sqr.dbl) x
```

比较函数式和命令式编程的伪代码，我们会发现一些有趣的变化。首先，函数式编程中定义函数的部分和命令式编程中为变量赋值的语法一致。比如，命令式程序中表示乘 2 的语句$y = 2*x$，在函数式程序中有着相同的形式：dbl $x = x*2$。函数式编程语言对待函数和数据没有太大的区别。甚至有人会说在函数式编程中，函数本身也是一种数据。

158

在命令式语言中，我们将一个变量作为参数传递给一个函数，并得到相应的结果。但是在函数式编程中，我们也可以将函数视作参数传递给另一个函数，因此我们就将所有的函数写作一行，中间没有插入其他的变量，而仅仅使用点(.)来连接。这个点表示函数的组合，在我们的例子中，就是通过它将一系列小的函数整合成为一个大的函数。

然而，这个例子看起来有点刻意。你可以将函数版本的compMath看作与命令式版本相同的程序，只不过在语法上略有不同。下面我们来进一步展示下，把函数当作数据的用法。

列表18.3　函数式编程伪代码：将函数当作数据

```
sqr x =x * x
dblf f=f . f
fourthPow = dblf sqr
```

上面的代码中再一次使用了sqr函数，同时又增加了两个新的函数。请仔细看一下dblf函数，这个函数可以传入另一个函数，并将这个传入的函数执行两次。因此为了得到一个数的四次方，我们只需要在dblf函数里调用sqr函数。但是要注意的是，这段代码里并没有变量。从某种意义上来说，无论何时，我们的程序运行到fourthPow的时候，都可以替换其中的变量，对于函数sqr和dblf也是如此。这样就可以将程序的应用范围进行扩展，比如输入fourthPow3，那么程序会输出 81，因为 81是 3 的四次方。

如果你之前有一些编程语言的经验，那么到现在为止你应该清楚很多了。实际上，这和你在Excel中所做的并没有什么不同。在Excel中，你可以指定某个单元格填充一个函数，比如＝ c1 * c1。这个例子就像我们程序里的 sqr，无论何时改变c1中的值，这个填充函数的单元格所呈现的数也会随之改变。

18.2 函数式编程的优点

可证明性

一般来讲，函数式编程的优点主要包括风格优雅、语法简洁，便于理解。除了少数特殊技术性情况外，函数式编程语言不允许编写出来的东西用命令式语言都无法实现。因为一些函数式语言具有引用透明性，纯函数式语言可以让我们用数学家的语言来证明程序的可行性，不过，大部分非计算机专业的研究者尚未发现这个优点对实际工作的帮助。

159

启发创造力

因为函数式编程是计算机科学群体中的重要研究工具，他们经常为主流的编程语言注入新的思想和特性。例如，过去一些函数式语言中的“垃圾回收”特性，如今已经在所有的主流语言中成为标准。在早期的编程工作中，程序员会为数据或计算过程分配内存。而当这部分数据的程序已经执行，他们会命令程序回收该地址的内存，以使这部分的内存可以另作他用。如今我们一般不再需要这样做，不仅是因为我们的计算机拥有更多的内存，还因为计算机语言以及相应的编译器和解释器，在不需要特定的数据时，可以更快地找到它们的位置，并且将其收集丢弃，从而释放这部分内存。要注意的是，尽管这是一个优点，但是它并不是函数式语言所独有的。很多函数式语言中的创新点并不一定和它们的“函数性”特点紧密相连，但这些创新点可以迅速迁移到其他在专业领域或者企业中广泛应用的语言中，比如Python或者Java。

短代码即是好代码

事实上，函数式编程最切合实际的好处，在于它是一种更自然的方式，可以用来表达那些需要被编程的想法。因此使用函数式编程语言来表达会更容易。当然，有时候用函数式语言表达一些想法也会显得有些蹩脚，因为这些想法本来就带有序列和命令式的特点。不过在实际工作中这种情况越来越少见。

函数式编程语言最大的好处是它们的简洁性。函数式编程可以让编程者的程序写得更短，从而使得程序更容易被人类阅读（计算机当然完全不在乎易读性）。因为简短的代码更容易阅读和理解，因此它也会缩短开发时间。当你经过几周、几个月甚至几年再回头来看一个短程序时，也会让你更容易回忆起自己当时打算做些什么。如果你的程序运行时不符合你的预期，你只需在短短数行程序中寻找错误。

18.3　函数式编程语言

虽然用函数式语言这个标签有点随意，不过这里仅仅列举常见的函数式编程语言，包括Lisp和Haskell。

Lisp（及其方言）

Lisp语言是诞生于20世纪50年代的一门较老的语言。它可以追溯到计算机科学发展的早期，但我们在如今的很多编程语言中能够找到的特性都源于Lisp。有些人对这门语言有着异乎寻常的狂热，同时比起团队合作，他们更愿意独立开发。一个典型例子，是这些Lisp开发者会为这门语言应该叫什么，不能叫什么，或者每个字母是否应该大写而争论不休。他们的独立性导致这门语言有着大量各不相同的语法偏好和多种多样的编译器。这种多样性简直让人晕头转向。我们只在ACT-R模型中讨论Lisp的特性，在这里不打算做更多深入。最新一本很好的Lisp语言入门书是巴斯金（Barskin）在2010年所著的《Lisp国度》。

160

另一个Lisp语言碎片化的典型例子是它存在着大量的方言。一些方言的开发是为了教学。如Scheme 演化成了 Racket，就是学习Lisp编程风格的最佳入门范例，因为它们是专门为学生所开发的。你可以从Scheme向Racket演化中体会到Lisp程序员们的激情。[1]

Haskell

这是我最喜欢的编程语言。它严格遵守函数式编程的规范，并且提供了一系列工具来支持从基本到复杂的编程结构。虽然这门语言的理论基础是类别理论和lambda表达式，但你不需要理解它们就能高效地使用它。你可以用它把程序写得很实用或很深奥，也可以以交互模式或编译模式使用这门语言。Haskell既可以用文学化编程来编写，也可以用传统的方式编写，而编程社区里面的成员在帮助新手时会毫不吝惜自己的时间。

尽管我们说了这么多Haskell的优点，但它并不是我们工作中唯一使用的语言。我们的大多数程序是使用Python编写的，因为它已经有了很多优秀的库来辅助心理学实验，使我们从中受益良多。当我们做数据分析时，我们常常使用R，因为这是为统计学家所开发的语言，而这些专家可以在其中集成新的方法。Haskell是我们想要享受编程时所用的语言，而不是我们必须编程时所用的。对于更年轻的人来说，Haskell是非常好的编程入门语言。不像上述其他语言，Haskell的学术背景使它成为一种快速发展的语言。而Haskell虽然有标准库，但是改动却非常频繁。Haskell的成熟度表现为这门语言有一些非常好的新学习资源，可以教你如何完成你的工作，其中有三本很好的图书，分别是赫顿（Hutton）2007年的著作，奥沙利文（O’Sullivan）、斯图尔特（Stewart）和格尔岑（Goerzen）2009年的著作，利波瓦查（Lipovaca）2011年的著作。

18.4 总结

函数式编程语言的优点在于实践当中所体现出来的优雅，你既可以写出更简洁的程序，以便于维护程序；也可以写出可读性更好的代码，这将加快你的开发速度。但是你不会发现这些写出来的代码所实现的功能，是用其他编程语言，比如Java或者Python无法实现的。

第19章 产生式规则与认知

学习目标

在阅读完本章后，你可以：

- 理解“如果—那么”（if-then）语句和“产生式规则”（production）之间的关系；
- 了解人类使用产生式系统作为人类认知模型的发展史；
- 实现一个简单的产生式系统。

19.1 概述

将智能视为一个产生式系统，是对人类认知进行高层次建模的一种重要方式。像 Soar 和 ACT-R 这两种最广为人知的人工智能通用模型，都是遵循了这种方法。在本章中，我们的目标是回顾产生式系统各组成部分的含义，随后看看如何扩展这些概念，从而将这类模型用以解释人类如何思考，以及大脑如何工作。

19.2 产生式

产生式是一种“如果—那么”（if-then）规则。产生式描述“如果”的部分称为“左部”（left hand side），描述“那么”的部分称为“右部”（right hand side）。比如，在“如果下雨，那么我们去博物馆，但是如果是晴天，那么我们就去公园”中，就包含了两个产生式。

产生式常常应用于抽象的“事物”。正如我们在第 17 章所看到的那样，理论家们常常会发现将逻辑的结构抽象出来，比起将它们绑定于现实生活中的例子或者客体，要更容易思考。然而，我们也可以通过具体的例子来获得直觉性的理解。在这个例子中，我们正是将一些抽象的符号与具体的天气状况联系起来。

162

多个产生式可以操作同一个抽象事物。在上面的例子中，我们尝试使用相同类型的信息——天气，来构成两个左部。尽管这两个产生式的关系是互斥的，但是并不总会是这样。比如，我们可以构造这样的产生式："如果下雨，那么我们就去博物馆，并且如果下雨，那么我们就去拿伞。"这里的两个产生式都会被下雨这个事件触发。

"if"后面的部分有时被称为断言。正如我们之前所看到的（见本书边码 49），这个部分在计算机程序中编写 if 语句时也会出现。这里的谓词是指一个可以判断真假的陈述。在我们的例子中，其中一个谓词是"下雨"。下雨与否是可以判断的。当左部的谓词为真时，这个产生式就会被触发执行，因此，这个产生式适用于下雨的场景。

执行产生式会发生什么？

产生式执行时会进行"那么"（then）部分的操作。想想产生式这个名字中的"产生"一词，可能有助于理解它的概念。产生式会"产生行为"。如果左部被判别为真，那么产生式就会产生右部所描述的结果。在我们的例子中，这或许意味着我们会打着伞去博物馆。

一个很重要的细节是产生式可能会以竞争（compete）、级联（cascade）或替代（represent alternatives）的方式执行。尽管我们允许在测试时一次触发多个产生式，但是在像 ACT-R 这种常用的认知框架中，通常会限制它们一次只能执行一个产生式。

如果我们希望每次执行的产生式数量为一，同时又希望让多个产生式共用同一个谓词，那么我们就需要制定规则，来决定哪个产生式可以被执行。这种用来评判并指定各个产生式执行的优先级的规则，通常不是来源于这个系统本身，而是来源于认知模型的设计者主观的（有时甚至是随意的）想法。尽管如此，这些规则以具体的方式呈现了出来，以便于我们研究其实现方式。

调整谓词的适用范围，是改变产生式优先级的方式之一。例如，我们可以将上面例子中的"下雨"做这样的修改："如果下雨并且我带着伞，那么我就去博物馆。"另一部分则可以这样修改："如果下雨并且我没有带伞，那么我就去拿伞。"这样，两个产生式自然存在了优先级。假设没有带伞而下雨了，就会触发拿伞的产生式。而拿了伞以后，第一条产生式的谓词为假，而去博物馆的产生式则会被触发。

我们重新回顾一下上面的简介中涉及的概念。当多个产生式接收到了相同的状态信息时，它们会同时进行自检，这样可能导致多个产生式的谓词同时判断为真。当全部谓词判断为真的产生式能够被触发时，我们通常只会允许一个产生式真正执行。这意味着我们的产生式系统中需要存在判别能否执行或进行优先级排序的过程。在一个动作被执行后，上述过程会再次重复。每当一条产生式被执行时，我们的系统状态就可能会发生改变。一组新的产生式将会进入下一轮中竞争性执行，并得到相应的结果。

163

19.3　产生式的发展历史

正如我们之前所看到的，计算建模领域的发展取决于计算机领域的发展情况。产生式系统用于对人类认知过程建模的发展历程，也循着作为研究工具的电子计算机的发展道路不断前进。

计算机领域的早期发展涉及软件与硬件两个领域，专注于教会计算机去做各种事情。最早的计算机语言直接在硬件水平上进行操作。很快人们就意识到，更好的办法应当是构建抽象水平更高的语言，然后让程序将这种语言转换成机器语言去执行。计算机语言的进化专注于让人们使用逻辑而非数字，来指定他们希望计算机做的事情。编写这样的程序最自然的方法，就是给出一系列使用逻辑去控制的命令："首先做这件事，接下来做第二件事……"或者"如果满足条件就去做这件事""当某件事情发生时做这件事"。这类的指令，即for、while、if、then、else，几乎是所有计算机语言的一部分（见本书边码49）。而眼下的事实是，因为这类指令看起来非常自然，使得人们认为这也是一种理解人类思维是如何组织和迭代的合理方式。

赫伯特·西蒙（Herbert Simon，1916—2001）

赫伯特·西蒙是将心理学、人工智能和计算机的兴趣融合在一起的典型人物，这些领域都声称他是其中的一员。他的工作基于他对决策的兴趣，将这些不同的领域紧密地联系在一起。他在1978年获得了诺贝尔经济学奖，1975年获得了计算机界的"诺贝尔奖"——图灵奖。

正如我们在前面的简介中所看到的，愿意跨越学科界限也是西蒙成功的原因。他的兴趣多样化，从音乐到符号逻辑都有涉足。

西蒙的职业生涯始于公共管理，但在20世纪50年代初，他遇到了艾伦•纽厄尔（Alan Newell），当时他们都在加州的兰德研究公司（RAND Research Corporation）工作。两人都很欣赏他们共同的观点。他们明白，计算机不仅仅是单纯的数字运算器，还是符号处理系统。出于这个原因，西蒙和纽厄尔认为计算机可以对人类智能的研究有所帮助。

他们早期的共同努力之一是“逻辑理论家”（Logic Theorist），这是一个作为定理推理器编写的计算机程序。他们早期思想的要素，以及作为思想模型产物的起源，可以在他们早期合作的关于一般问题解决的计算方法的文章（Newell & Simon，1961）中看到。

164

他们对问题解决的概念可以被看作一种迭代的、递归的搜索，涉及了产品的应用。在他们对人类问题解决过程的分析中，他们写道：“我们也许可以构想这样一种人工智能程序，它处理符号的方式与我们相同——将符号逻辑表达式作为输入，而将客体代入一系列规则得到的结果作为输出。”

这种观点将人类内部执行的计算看作一系列按照含有 if-then 结构的规则执行的，离散的计算过程的结果，这种想法的产生甚至早于电子计算机被真正造出来的时间。阿兰•图灵著名的论文（Turing，1936）也将计算看作基于计算者（人类或者机器）的状态的特定规则的应用。当前的状态设置，无论是人类还是机器，都会执行特定的行为，并且最终得到正确的计算结果。

西蒙满意地证明了人和机器的计算概念是相似的。他实现这一想法的方法之一，是让一群人模拟“子过程”来正确地解决一个逻辑问题。根据他的女儿凯瑟琳•弗兰克（Katherine Frank）所说[1]，这个实验发生在一个圣诞节假期，由家庭成员来做其中的“子过程”。这件事应该就是著名的西蒙故事的基础。1956年1月，他走进教室并告诉他的学生，在圣诞节假期，他建造了一台“思想机器”。

解决西蒙和纽厄尔问题（The Simon and Newell Problem）

西蒙和纽厄尔在他们的研究中比较了人类和计算机的问题解决方式。这就是他们的问题，你能试着去解决它吗？

（*R implies* NOT *P*）AND（NOT *R implies Q*），*derive* NOT（NOT *Q* AND *P*）

可用的规则和答案见纽厄尔和西蒙的著作（1961）。

19.4　产生式系统

我们现在知道了，早期的研究者打算让产生式系统做什么。但是从更精确的角度来讲，什么是产生式系统？它们能做什么？下面我们将会对这个问题进行探索，并通过代码构建一个简单的产生式系统。

练习：产生式和井字棋

这个练习的目的是去探索如何建立一个产生式，以及决定它的应用与执行顺序。在我们开始担心如何将其作为一个计算系统来实现前，先做一个不那么正式的介绍可能有助于理解。下面尝试设计一个用来玩井字棋的产生式系统，你可以独立完成，或者和你的组员一起来做。

棋盘上的状态是那些按规则做出动作的玩家唯一的输入信息。同时每次的行为都应该毫无歧义，也就是说，一次仅执行一条规则。基本的规则必须写明谁走每一步棋，以及何时游戏结束。另外，还应该提供一些策略性的规则，以及这些策略的优先级。

如果将两位玩家的棋子做个标记，这样会让后面的计算变得容易。比如，人类玩家永远使用“O”，而电脑永远是“X”。这样就很容易弄清楚“X”和“O”的数量是否相同，以及每个标记代表哪个玩家，也很容易判断游戏是否结束。想让游戏结束，要么所有的方块都被填满，要么棋盘上有三个相同的棋子连成一条线。

设定规则的优先级是很难的。比如，当棋盘上的两行都有相同的两个棋子已经连了起来，这时应该怎么办？另外，如果你想写一条把一个棋子放在让玩家有可能通过三种不同的方式获胜的位置的规则，又该怎么写？

如果想知道你的产生式系统在这个游戏上的表现情况，可以让你的程序来对抗别人的程序。你扮演电脑的角色，来判断需要应用的游戏规则，并决定游戏的结果。

165

正如井字棋所示，即使是一个简单的游戏，也需要有一套游戏规则，而且设计这个规则并不容易，决定哪条产生式具有最高的优先级无疑是一个挑战。虽然大多数成年人认为井字棋是一个无聊的游戏[2]，几乎没有什么空间去制定策略，但是设计一个产生式系统来玩这个游戏反而是一个难题。如果设计产生式来应付这么简单的游戏都很难，那么让产生式系统作为人类认知的模型结

建模人员设计产生式系统时的需求是否会给认知架构（cognitive architecture）带来问题？如果规则及其规范来自被建模的系统外部，只对认知系统建模是否会导致模型不完整呢？

构是否合适呢?

编写产生式系统

如何搭建一个产生式系统是一个重要的研究问题。但是即使是已经把产生式系统的规则告诉了我们，想要将其模拟出来，也需要我们把这些规则翻译成计算机语言，除非我们能用计算机语言将产生式实现，并执行它来解决特定的问题，否则我们不可能理解产生式系统是如何进行信息交互并做出行为的。

想在电子表格软件里构建一个在动态变化的环境中执行的产生式系统是一个挑战，不过也是可以做到的。但是，在这类软件中需要用到宏和脚本语言。我们在本书的前半部分倾向使用电子表格软件来编程，是为了让我们用一种简单直观且成本不高的方式学习计算机语言。对于构建产生式系统而言，这种优势荡然无存。如果我们需要在电子表格软件里面编写脚本语言，不如学习一些更通用的语言，比如我们会在下一章介绍的编程语言 Haskell。

166

在第 18 章中，我们介绍了函数式编程语言。这类语言的优点之一是对递归的支持：可以很容易写出能调用自身的函数。递归的思想在认知过程的理论化和建模中都很常见。接下来让我们通过实现一个简单的产生式系统来感受递归的威力，并且完成将产生式系统转化为计算机语言的挑战。

挑战：反转一个字符串

这个问题来源于网络上产生式系统的条目[3]，我们的目标是反转一个字符串。例如，我们要把“today”转变为“yadot”。我们希望在没有人控制这个程序的情况下实现这个目标。因此我们需要写一个程序，将字符串作为输入，然后将它反转过来。

> 字符串是一个计算机术语，指一个由字符组成的列表。['H', 'e', 'l', 'l', 'o'] 是 "Hello" 的字符串。单引号常用来标记单个的字符，而双引号常用来标记字符列表，也即字符串 (注意：Python 是一个例外)。在计算机语言中，方括号也常用来标定一个列表。

仅仅将字符串中的字符反转顺序，在大多数计算机语言中并不是一件困难的事情。事实上，在这些编程语言中都有一个叫作“reverse”的函数来完成这个任务。但是我们的目标不是只为了反转字符串，而是需要你使用表 19.1 中的六个产生式来完成这件事情。

表 19.1　转换字符串的产生式系统

产生式规则编号	输入	输出
1	$$	*
2	*$	*
3	*x	x*
4	*	null & halt
5	$xy	y*x
6	null	$

使用表中的产生式实现这个任务的方法如下：从左到右扫描字符串。如果你找到一个匹配的字符（例如，为了匹配产生式规则 1，你需要找到两个都是 $ 符号的连续字符），那么你就删除这两个字符，并用一个 * 来代替它们。比如，根据产生式 1 的执行结果，“tod$$ay”会变成“tod*ay”。上述顺序非常重要，因为这就是我们产生式的优先级顺序，即使有多个规则同时符合，我们也只用优先级最高的规则。当我们的产生过程“执行”之后，再次从头开始扫描。当前面的产生式扫描到字符串的末尾，且不存在匹配时，就会返回一个“空”（null）的结果。这意味着返回一个“”的空字符串。此时，我们将执行产生式 6，这是唯一一个只寻找字符的产生式。它首先会将“today”转变为“$today”。

递归体现在对整个字符串重复调用产生式，将产生式系统上一轮的输出，作为下一轮完全相同的函数的输入。我们就这样不断地重复，直到我们的系统发出终止信号。

167

练习：理解产生式

为了证明你对上面这个产生式系统的理解，请描述这些成分所发挥的作用：

- “if”部分
- “then”部分
- 产生式的判定过程

接下来，为了证明你确实理解了我们要执行的产生式程序，请你通过手写的方式处理字符串“ABC”，每一步都要写下你执行了哪条规则，以及此时的字符串变成了什么形式。

19.5 总结

产生式即“如果—那么”规则。如果条件发生了，那么就去做这件事。这种规则的集合被称为产生式系统，它被认为是智能的基础。产生式系统作为人类认知过程的一种可能的架构，通常限制每个处理周期中只能执行一个产生式。这就要求产生式系统中必须包含一个用来在多个产生式的谓词为真时，决定应当执行哪一条的基本部分。我们已经看到了如何同时生成规则和应用规则是一个挑战。在第 21 章中，我们将探讨一种特殊的认知架构 ACT-R，它将产生式系统作为人类认知建模的基础。

第20章 插曲：简单产生式系统的函数式编程

在第19章中，我们看到了一个可以反转词汇中字符的简单系统及其产生式规则。在这一章中，我们来看看如何用函数式编程来编写这个系统的代码。

20.1 一个Haskell语言编写的实例

Haskell以及其他的函数式编程语言，能够很容易地表达产生式系统中的规则，并构建为一个递归求值过程（recursive evaluation）。我们从编写每一条规则的代码开始，继而展示另外的产生规则式的完整代码，随后用其解释在Haskell语言中的不同符号和语法。你会发现跳过这段文字，阅读后面的内容时参照此代码片段来理解，会更容易一些。

列表20.1 Haskell 产生式系统代码

```
module ProdSys () where

p1 :: String -> String
p1 inp = case inp of
  '$':'$':rest ->'*':rest
  []            -> inp
  _             -> (head inp): (p1 $ tail inp)

p2 :: String -> String
p2 inp = case inp of
  '*':'$':rest -> '*':rest
  []      -> inp
```

```
  _            -> (head inp): (p2 $ tail inp)

170  p3 :: String -> String
     p3 inp = case inp of
       '*':x:rest -> x:'*':rest
       []      -> inp
       _              ->(head inp):(p3 $ tail inp)

     p4 :: String -> String
     p4 inp = case inp of
       '*':[] -> []
       []      -> []
       _       -> (head inp) : (p4 $ tail inp)

     p5 :: String -> String
     p5 inp = case inp of
       '$':x:'$': rest -> (head inp) : (p5 $ tail inp)
       '$':x:y:rest -> y:'$':x:rest
       []              -> inp
       _                      -> (head inp) : (p5 $ tail inp)

     p6 :: String -> String
     p6 inp ='$':inp

     runPs :: String -> [String]
     runPs mystr = fmap (\f -> f mystr)[p1,p2,p3,p4,p5,p6]

     chngd :: String -> [String]
     chngd x = (filter (/= x)) (runPs x)

     testPs :: String -> Bool
     testPs x = ((elem '$'x) || (elem '*'x))

     prodSys :: String -> String
     prodSys inputString =
       let candidate = head.chngd $ inputString
       in if (testPs candidate)
```

```
  then prodSys candidate
  else candidate
```

类型

双冒号（::）在 Haskell 语法中用来标记表达式的类型。Haskell 是一种静态类型语言，这意味着变量的类型是不可改变的。

在所有的计算机语言中，我们都可以找到“类型”的概念。比如，“one”是一个字符串类型，而“1.23”则可以是一个单精度或者双精度浮点数。不同的编程语言会使用不同的类型系统。一些语言的类型是动态的，变量在指定类型后也可以改变其类型。比如“1.23”可以被我们的程序识别为一个字符串，并在屏幕上显示出来。而在程序的其他地方则可以转换为数值，并进行数学运算。Haskell 则不允许使用动态变量。我们在这段代码中明确指定了变量的类型（尽管是否这样写是可选的），这样你就可以看到函数式语言是如何轻松地将代码与我们的数学概念相对应的，即函数是计算输入输出的机器。在我们的例子中，这意味着我们输入一个字符串，就会得到另一个字符串。Haskell 中的“→" 符号则表示这是一个输入一种类型，并输出另一种类型的函数。如Python一样，Haskell 使用“ [ ] ”符号表示列表。因此 [String] 表示其中每一个元素都是字符串的列表。在每个函数和类型定义之后，我们紧跟着定义了这个函数的作用。这部分看起来和 Python 是类似的。

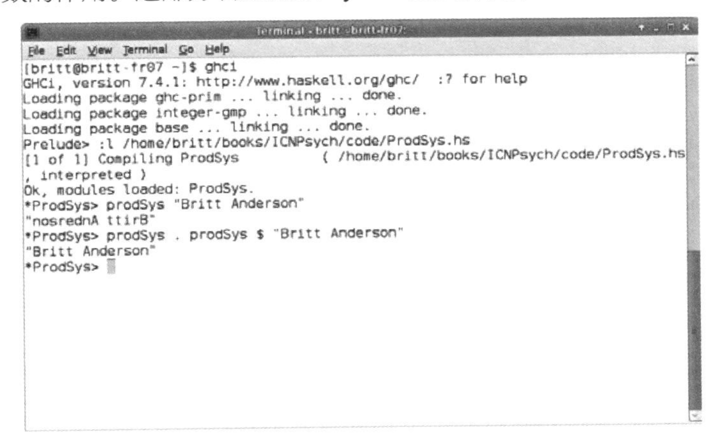

图20.1　运行上述列表20.1代码构建的产生式的计算机屏幕截图

在你的电脑上安装Haskell

上面的代码是可以被执行的，为了执行这些程序，你需要在你的电脑上安装Haskell。

你可以下载 Haskell Platform[1]，一个在多种操作系统上都能运行的 Haskell 系统。在你下载和安装完成后，你可以在终端中运行 ghci 来运行解释器。你需要使用路径来指定你的程序加载位置。你可以参阅图 20.1 中，在我们的电脑上是如何实现这一点的。一旦你执行这个程序，在源文件中的全部函数就都可以使用了。如果你调用最后一个函数 prodSys，那么这个函数就会递归地调用自身。

172

我们在这里需要强调一些重点，以帮助你理解如何简洁地表达一个产生式系统。我们可以对每一条规则单独指定，正如我们在前文中做到的一样，随后我们可以运行这个程序来进行测试。

> 在大多数编程语言中，带有小数点的数字被识别为浮点数。而由于数字在计算机中仅使用二进制 0 或 1 来表示，所以占据 16 位内存空间的被称为单精度，而占用32位内存空间的则称为双精度。

回想一下，我们所有的产生式规则都可以根据当前的产生式系统状态（就是我们所输入的字符串）来测试自己是否符合执行条件。在我们的代码中，只有第一个函数被执行了。这反映了我们的产生式系统内含着优先级。只有最满足条件的产生式会被执行。另外，我们也在代码里面进行了一个简单的测试。

我们的每条产生式程序都使用了相同的语法风格，这样大部分代码都是一致的，从而使得程序更容易被理解。每条产生式程序都会检查自己是否满足了特定的条件。每条规则基本上都会完整扫描整个字符串列表到结束位置（空字符串：[ ]）。如果没有到结束位置，那么就滑到下一个字符，从内部再次调用函数，这就是递归。我们的代码中明确包含了递归的概念，而递归是解决认知结构相关研究问题的常用解决方法。对于许多计算机语言，你需要自己构建递归函数，但是在 Haskell 中，递归“开箱即用”。最后，我们的产生式在 if 条件被满足时执行，在逐步替换字符串后结束了这个主函数。在执行Prodsys函数时，我们再次使用递归，并将函数包含在它自己的定义中。直到testPs失败时，Prodsys不停地调用自己，就像一条吞掉自己尾巴的蛇一样。

> 你能否理解为什么在图 20.1 所示的某次程序运行中，“Britt Anderson” 既是输入也是输出？这是不是程序出错了呢？

20.2 总结

我们在这里所做的事情，与你在上一章最后做的事情并没有差别。这里的程序只是展示了你如何使用函数式计算机语言来简洁地编写一系列规则，并使用递归来执行它们。正因为如此，函数式编程技术经常被用于模拟人类认知和一般问题解决过程的程序中。

第21章 ACT-R：一种认知架构

学习目标

在阅读完本章后，你可以：

- 理解ACT-R的基本结构；
- 了解如何实现ACT-R程序；
- 使用ACT-R和Lisp语言构建一个简单的认知架构，实现“剪刀、石头、布”的游戏功能。

21.1 概述

在之前的章节中，我们已经介绍了逻辑和布尔变量，以及如何使用它们创建“如果—那么”（if-then）规则，甚至实现了一个简单的产生式规则。在本章中，我们将探索产生式规则在认知建模中最成功和最成熟的应用之一——ACT-R。

21.2 一种成熟的认知架构：ACT-R

ACT-R即Adaptive Control of Thought-Rational。

Soar和ACT-R是两种发展最为成熟、应用最为广泛的认知架构，后者已经被广泛用于心理学研究中（Anderson et al.，2004），ACT-R也是本章主要关注的内容。我们首先需要考虑术语“认知架构”的含义，然后研究ACT-R与我们前面介绍的产生式系统思想之间的关系。我们会展示如何在自己的电脑上安装ACT-R程序的工作版本，并演示一个入门教程，最后，在ACT-R中构建一个简单版本的“剪刀、石头、布”的游戏。

尽管它们有一些相似之处，但Soar和ACT-R存在着本质上的区别。Soar涉及剥离了生物学功能的智能，智能系统的构建当然可以基于生物学理论，但对于Soar来说，它的目标是创造一种普遍性的智能，而不是理解人类的智能，ACT-R则涉及后一项任务。人类数据不仅是ACT-R的思想来源，也是其重要的约束条件。这也导致ACT-R在应用中可能会表现得过于智能，但是Soar并不会出现这种情况。 174

两者之间的差异并不需要被过度关注。实际上，Soar和ACT-R都受到了西蒙和纽厄尔观点的影响，即通过建模模拟来解决问题。虽然ACT-R最近被广泛地用于生物学领域，但ACT-R更多的是起源于心理学，而非神经学（Anderson & Kline，1997）。

什么是认知架构？

“架构”一词可能会让人想起蓝图和建筑等相关的概念。架构描述了其中基础元素是什么，以及它们是如何组合在一起的。当然，这个词也包含物理成分的含义，而认知这个概念则会让人想到思考，思考事实、做出决定和解决问题的过程。

确定一个认知架构需要我们对体系架构和认知两个概念进行说明。要成为一个架构，必须先明确各组件具有什么功能，用于加工什么元素，元素间的连接方式是网络连接还是产生式系统。通过回答上述问题可以帮助我们定义一种体系架构。而作为一个认知架构，首先要明确认知的含义，或者至少提供一些有代表性的例子。通常来说，认知涉及高阶的心理学概念，如记忆或推理。当你同时指定了认知涉及的应用领域以及认知的执行机制时，就可以确定一个认知架构。类比来说，确定认知架构就像是指定一种思维规范。ACT-R就来源于这个想法，ACT-R的创造者约翰•安德森，也基于这个想法写了《认知的架构》一书。

ACT-R简介

目前，ACT-R更多地被直接作为名词而不是首字母缩写词使用。当然，在ACT-R之前还曾存在ACT。ACT-R的软件现在已经升级到6.0版本，并且ACT-R在其40年的发展中经历了很大的变化。尽管存在变化，ACT-R的本质仍然保持不变。ACT-R认为知识主要包括两种类型：陈述性知识和程序性知识。这种对程序性和陈述性过程的强调也体现了ACT-R对人类记忆模型的依赖。

陈述性知识代表事实和数字，例如：世界上有七大洲；2+1等于3。程序性知识则涉及“怎么做事”，它涉及对各种各样的知识的利用。

从脑损伤的研究中我们可以知道，局部性的脑损伤可以导致某一独立功能的损害。这表明大脑可能是由并行运行的模块组成的，这种模块，即包含了封装知识的组件模块，这也是ACT-R的一个主要架构特征。ACT-R中还存在一些模块被用于执行函数，以加工这些知识。这些模块不是随意设定的，而是根据心理学研究的经验和结论来预设的。我们将讨论的模块都基于心理学的经验结果，将处理的模块既包括陈述性的也包括程序性的，ACT-R中也有视觉和运动行为等模块。实现ACT-R的软件需要具有足够的灵活性，以允许用户开发或证明所需要的新模块。

175

ACT-R的模块化结构也对模型提出了新的要求，即各个模块的内容需要某种方式进行交互联系。ACT-R可以通过缓冲区来实现这样的一个交互系统。用户可以选择模块的内容并将其放入模块的特定缓冲区中。缓冲区的大小是以模块数为单位的，每个缓冲区的模块数是有限的，这种有限受到了人类短期记忆可以维持 7±2 个项目这一经典说法的影响。虽然我们只能在工作记忆（即陈述性记忆缓冲区）中保留一定数目的项目或模块，但我们可以在长期记忆中储存几乎无限的知识。ACT-R通过跟踪模块的类型和内容来对模块施加限制。不同模块的内容可以被打包到称为“插槽”（slots）的鸽子洞中。

ACT-R对认知体系的模拟是循环运行的。在任何给定的时间中该模型都有一个具体的目标或任务。进而需要检测相关模块的缓冲区。基于缓冲区的内容，程序系统可以在其规则库中搜索所有适用的产生式。如果左侧的“If”语句被满足，就可以提供“then”部分对应的结果。

在检验并匹配“If”语句中的条件后，程序系统会选择一个产生式进行“触发”。如果有多个规则同时运行，那么就需要一个冲突解决系统。当一个产生式被触发时，即调用了“如果—那么”（if-then）规则中的“then”部分。这个“如果—那么”规则可以涉及很广泛的内容。目标可以作为产生式规定的行动结果而改变，也可以向不同的模块发出更改或清除缓冲区内容的请求。一旦产生式完成了它的活动，这个循环就会重复直到稳定或达到既定设置。在实践中，实现ACT-R的软件可以在达到指定的步骤数或限定的模拟时间时终止运行。

使用ACT-R

要使用ACT-R，首先需要获取并安装ACT-R。下文将介绍如何获取免费的ACT-R软件的工作版本。实际上，ACT-R存在多种不同的版本，包括使用Java[1]语言和Python[2]语言编写的版本，这两个版本都蕴含了ACT-R的思想，同时也与各自的编程语言相匹配适应。它们对于初学者来说是够用的，但都不是规范程序。如果你已经了解Java或Python，那么你可以选择自己熟悉的编程语言对应的ACT-R。如果你不了解这两种编程语言，你也可以下载ACT-R的原始版本。[3]

ACT-R 6.0 是基于Lisp语言编写的。Lisp是最古老的编程语言之一，对认知和人工智能的计算研究方面感兴趣的研究者经常会用到这种语言。它并不比其他语言难学，对于初学者来说，它在某些方面可能还会简单得多。由于它来源于黑客和自由思想者，因此无法提供很好的标准化规范和支持。但如果只是为了使用ACT-R，实际上你并不需要很深入地了解Lisp，只需要学习一些基础的Lisp规则。

176

你需要先安装Lisp

ACT-R提供了不需要先在计算机上安装Lisp的独立版本。独立版本更易于安装和使用。但是它并不够完善，不能提供ACT-R全部的功能。

源代码对于基于计算模型的实验研究非常重要，一个没有公开源代码的计算模型是不可信的，当然，公开并不意味着免费。例如，采用基于MATLAB编写的源代码要求你拥有一个付费的MATLAB工作版本，但是这并不妨碍采用MATLAB编写的模型提交源文件以供检查。

安装Lisp可能并不像其他编程语言那么容易，因为Lisp没有一个经过广泛批准的版本，但几乎所有的现代Lisp语言都遵循一个公认的标准（ANSI）。因此，它们具有足够的互操作性，即你可以使用其中任何版本的Lisp来编译和运行ACT-R。

考虑到Lisp兼收并蓄的背景，其对*nix操作系统的支持要多于Windows和Mac OSX系统。常见的Linux发行版有Ubuntu、Debian和ArchLinux。在安装了Windows或Mac OS X系统的计算机上也可以运行Linux，尽管在Linux系统上安装Lisp相对更加容易，但这个过程仍然是需要耐心和毅力的。

> *nix 是所有 Unix 和类 Linux 操作系统的缩写。但并不是所有这些操作系统都有 nix 后缀，例如 FreeBSD。

哪个版本的Lisp

Steel Bank Common Lisp[4] 和CLISP[5] 是两个应用非常广泛的Lisp版本，它们都可以免费获得，并且可以正常运行。它们还可以与QuickLisp[6] 配合使用，QuickLisp是一种Lisp库管理器，它简化了获取和安装Common Lisp包的过程。如果你还没有这种形式上非常自由的软件安装经验，那么可以试一试，付出就有回报。

LispWorks是一家营利性公司，它在维护一个Lisp版本，该版本的Lisp在安装中附带必要的库。该公司也在为其产品提供支持。如果你计划将Lisp用于商业用途或你的研究主要依赖于Lisp，LispWorks就是一个很好的选择。LispWorks公司本身也非常支持教育事业，它提供了免费的个人版本。尽管这个版本的功能是有限的，但是177 它依旧是一个很好的平台，你可以利用它来熟悉Lisp，且不必担心安装或维护问题。我们之后也会基于LispWorks个人版运行ACT-R，这个版本可以在该公司网站[7]中找到。

下载Lisp

你可以查找网站主页菜单上的“产品”选项卡，找到个人版，查找并下载适合你的操作系统（Windows、Macintosh或Linux）的版本。你需要填写一份简短的表格，以声明你是谁以及下载的目的。之后获取LispWorks提供的许可证文件以安装个人版的LispWorks。不建议将该文件在不同用户间复制和传递，这样做可能会导致安装失败。对于Linux用户来说，安装的过程会更为复杂，如果你正在使用Linux系统，相信你已经熟练掌握了这种下载和安装软件的方法。

下载ACT-R

下面的内容主要基于LispWorks，如果你安装了其他版本的Lisp，可能需要根据软件配置来下载对应的ACT-R，具体可以参照ACT-R网站上特定版本的说明进行操作。

要下载ACT-R，需要先进入ACT-R网站主页[8]，主页中有一个软件和教程菜单选项，单击此链接将进入下载页面。基于LispWorks你可以使用完整、不受限制的ACT-R版本。你需要下载包含源代码的.zip文件来获得软件、参考手册和教程文件。

这个.zip文件是压缩文件。在使用它之前，需要先解压它，并将解压后的文件保存在LispWorks安装路径附近的目录中。如果你的电脑中没有相关解压程序，需要先下载解压程序。

学习的壁垒

你可能会担心安装软件过程中的麻烦和努力是否值得。这个问题实际上只有自己能回答，但是它的确也引出了一个计算神经科学和心理学领域中常见的问题，即软件的下载、安装与计算心理学的研究没有任何关系。但是如果你无法掌握这些技能，就无法使用相应的建模工具来进行计算心理学研究。

178

> 虽然获取和安装软件的过程有些复杂，但它们其实并不存在智力上的障碍，只是确实需要练习。无论你是否需要使用ACT-R，学习如何获取所需的开源软件都是一项很好的技能。拥有这项技能，你可以轻松地获取各种免费的工具。大多数从事计算编程的研究人员都会免费提供他们的软件，但由于大多数研究团队都是小型、非商业性的，他们常常会以源代码的形式提供软件，这就要求用户必须掌握获取源代码并安装软件的技能。一旦你熟悉了这些知识和技能，就可以很方便地获取和研究这类学习材料。

希望"学习的壁垒"这部分内容能够给你带来一定的启发，因为如果你想使用ACT-R提供的任何图形工具，你还需要在你的计算机上安装Tcl/Tk。Tcl/Tk是一种脚本计算机语言，它可以被用于构建图形界面。你的计算机上可能已经安装了此语言，你可以通过在命令行中键入"wish"来确定一下。如果输入这条命令后出现了一个空白的界面，说明你已经成功安装。如果没有出现，请导航到Tcl/Tk网站主页[9]获取并安装你的电脑系统对应的软件版本。

> 没有图形界面也可以使用ACT-R，但是如果你是初学者，使用图形界面有助于你入门学习ACT-R。

启动和运行

接下来，我们将先介绍学习所需的基础知识。首先，根据你的操作系统选择合适的方法启动LispWorks（参见图21.1）。然后，点击"文件"菜单找到"加载"选项，打开一个菜单。进入到保存ACT-R解压缩版本的文件目录中并找到该文件：load-ACT-R-6.lisp。

单击"确定"加载这个文件，即开始启动ACT-R。根据说明按空格键，打开一个命令行（又称为终端），使用cd命令将工作目录更改到ACT-R所在的位置。在ACT-R目录中，你将看到包含".../actr6/environment/GUI"的子目录，"..."中的内容取决于你的安装程序所在的位置。输入"wish starter.tcl"，即启动ACT-R对应的GUI支持之后切换回大的LispWorks窗口并键入命令"（start-environment）"。注意，括号这个符号是Lisp语言所必需的，Lisp中的所有内容都是一个列表（list），即使命令语句也是，在本例中这个命令语句就是一个长度为1的列表。

179

我们可以开始运行ACT-R模型。ACT-R在安装的时候就会提供一些模型示例，你可以在教程文件夹中找到对应的文档，这类教程文档可以帮助你简单地了解ACT-

R平台的特性和功能，图 21.2 显示了加载了模型后的LispWorks和ACT-R图形界面（使用之前用到的LispWorks加载选项，导航到教程文件夹，就可以加载模型）。

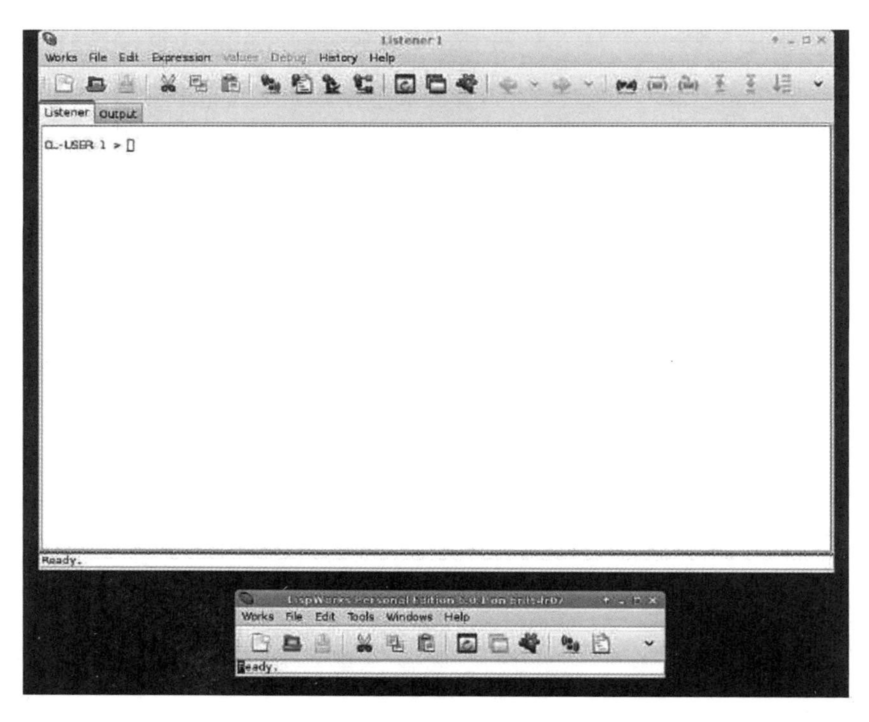

图21.1 LispWorks程序启动后的屏幕截图，包括两个界面，你需要使用大的窗口界面，小的窗口可以忽略

ACT-R入门：计数

180

源代码文件是一个文本文件。如果你对模型产生困惑或好奇，查看源文件或许可以帮助你解决问题。计数模型的Lisp代码是易于理解的，它是基于有实际含义的单词编写的。如果你自己编写程序，也需要注意一下如何选择变量和函数名，这些名称如果能够很直观地反映其功能或目的，可以极大地提高你的工作效率，同时也能够让其他人更方便地阅读和理解你的代码。

简单计数模型的结构与复杂模型结构实际上并无本质差异。模型中包含列表元素，有时候这些列表中只包含命令，例如“(clear-all)”。你可以把这些模型看作一个脚本，将命令语句逐行输入就能够得到相同的结果。

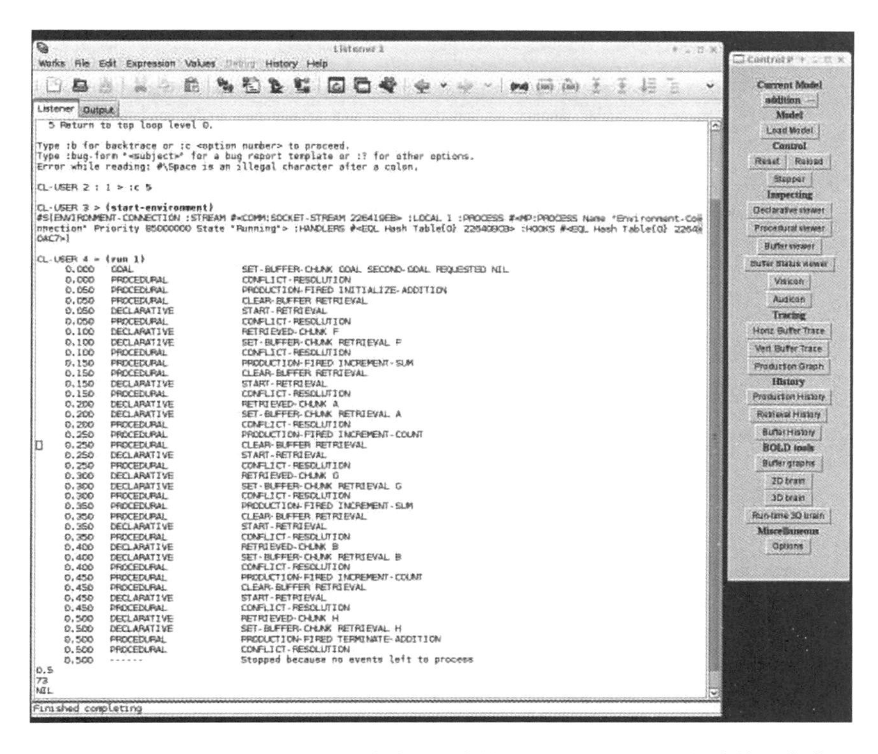

图21.2　启动ACT-R图形界面并进行上述练习后，LispWorks程序的屏幕截图

练习：使用ACT-R进行计数

了解一个软件最好的方法就是使用它。ACT-R的作者提供了一个基础的计数教程：

- 加载ACT-R Tutorial1 计算模型。
- 让这个模型运行一秒钟模拟时间。
- 观察模型计数的初始值和终值。
- 打开源代码文件。

这个计数模型展示了ACT-R模型的基本内容，它也介绍了一些基础的编程知识，你通常需要从一个空白的工作空间开始工作，工作空间中不包括之前运行的结果、变量或值。计数模型教程首先清理了工作空间，并使用define-model命令来定义模型，模型中的参数已设置好，这些参数就像方程中的常数一样，可以用来确定模型的特性。比如，在陈述性内存中可以保存块类型（chunk-types）的内容。块类型的含义可以通过一个例子来理解：狗是一个物种，一种动物。你养的狗，比如名叫Fido，就是一只特别的狗，一只特别的动物，它就可以被认为是块类型狗。

181 ACT-R模型还需要在陈述性内存中添加一些事实描述。每个事实都有一个名称（如Fido ISA dog），然后采用ISA说明该名称Fido属于一个特定的类型。针对每个类型对应的值或事实都可以储存在插槽或鸽子洞中，例如Fido ISA dog fur-color brown。这里可以留意一下ISA的使用与第17章中对量词的讨论的相似性。

在我们有了足够的陈述性事实列表之后，就可以指定产生式规则。ACT-R产生式规则以“p”开头，在“p”之后，你可以对该产生式进行命名。“==>”之前的所有元素构成规则的if部分，之后的一切都是产生式的then部分。最后，我们还需要一个目标来启动或定义模型。目标通常随着模型的运行而更新，你可以使用goal-focus命令来声明目标。

练习：更改ACT-R模型

计算机建模通常始于之前的工作，然后通过逐步修改代码来进行。我们将用ACT-R中的计数模型来演示这一点。

首先，编辑count.lisp文档，让ACT-R计数到6，这很容易实现。

其次，编辑count.lisp文档，让ACT-R计数到7。这比计数到6需要更多的工作。

最后，如果前两项任务对你来说很容易，试着让ACT-R从7开始实现倒数。这将需要开发一个新功能，而前两个练习只需要基于已有的模型就可以实现。

重识ACT-R

我们花了很多时间来构建工作环境，包括下载、解压、安装Lisp和ACT-R，然后通过一个简单的ACT-R练习了解了该语言的主要特性，还进一步改编了已有的教程文件以更深入地了解ACT-R模型。现在，我们可以再尝试自己编写一个简单的模型来实现一个基础的功能。在学习的过程中，我们需要提醒自己ACT-R是一种架构，它可以告诉我们如何去建造东西。根据ACT-R理论，认知模型是基于产生式规则建立的，在建立模型的过程中，我们需要一些具体的函数和指令来将基础的概念和指令整合起来。

ACT-R结构本身就蕴藏着计算机语言的底层知识。在应用中，我们不需要深入地了解在计算机内存中存储一个项目需要哪些单词、命令，基于Lisp语言，我们可以更为直观地实现这类功能。基于基础的计算机语言，ACT-R进一步为我们提供了更高阶的、涉及构建一个认知架构所需的特定假设的接口。

ACT-R架构中包含很多假设，例如，认知模块是封装好的，包括记忆、视觉和运动功能。ACT-R假设模块是并行工作的，通过一定大小的缓冲区进行联系。从形式上讲，产生式规则系统本质上不需要这样的假设，但这些设定使得ACT-R反映了一个特殊的、关于认知如何运作的假设，这是一个模块化的产生式规则。评估这些假设是否充分的最好方法，是以这些假设为基础构建并检验模型。

182

ACT-R包含了许多关于认知结构和机制的假设，这些假设也提供了一定的约束，限制了我们寻找特定问题解决方案的空间。寻找特定问题的解决方案就是我们在ACT-R框架中进行建模的目的。我们需要基于建模问题，用我们的直觉和数据作为基础，来推测一个可能的能够处理问题的产生式系统。

之后，我们可以基于ACT-R提供的规则和概念来构建模型。ACT-R就像积木，存在一些基本的碎片化的形状，你可以基于它们组合出复杂的形状，但这些碎片本身对我们构思模型的框架并没有多大帮助。因此，在我们处理建模的细节内容之前，就需要进行大致的思考和规划。我们的模型是否能成功模拟人类的认知模型，取决于模型的动态性和性能在多大程度上能捕捉到真实人类在执行类似任务时的表现。如果我们的模型再现了人的行为，同时又符合ACT-R的假设，就可以认为，在产生式系统框架中，这样的认知模型是可能存在的。有许多模型已经可以达到上述要求，这说明产生式系统确实有望作为智能问题的一般解决方案。

用ACT-R玩“剪刀、石头、布”游戏

下面我们将尝试利用ACT-R的基本概念来解决软件提供的教程文件中未涉及的问题，但这次要解决的问题仍然是非常基础的——“剪刀、石头、布”任务（rock-paper-scissors，RPS）。

练习：在ACT-R中实现“剪刀、石头、布”模型

在ACT-R中建立模型包括以下步骤：

- 记下玩“剪刀、石头、布”时你的模型需要记住什么。
- 记下模型所需要实现的产生式。
- 将上述伪代码翻译为可以被ACT-R实现的代码语言。

正如上面的练习所示，模型的构建需要逐步从高层的构思扩展到底层的代码实现。此外，大多数编程都是一个重复迭代的过程，包括编写代码、查找错误、修复错误和重复上述过程。

编码在其他方面也是重复迭代的，它需要从基础开始，再逐渐变得更复杂，即从一个相对简单的目标开始，建立一个工作原型。然后，对这个基础版本的模型进行改进，以实现所需的更复杂的功能。最后，在运行完整的模型时，还需要将其性能与合适的经验实证数据进行比较。

183

使用ACT-R实现“剪刀、石头、布”游戏

下面将展示如何实现“剪刀、石头、布”游戏的功能。在演示的每一步中我们都将详细解释模型和代码的结构，但你需要试着自己动手完成每一步建模过程。建模不是一项只看一看的练习，它以实用性为目的，需要反复动手练习。在练习的过程中最好放慢速度，完成上一步之后再进入下一步。因为当你的代码越来越复杂时，代码中的错误会更难被发现。在进入下一步之前，你需要确保之前的每一步都能够无错误地执行它所要发挥的功能。你也可以在进入下一步之前，花上几分钟、几小时甚至几天的时间，试着思考怎么进入下一步。如果你的答案和我们的方案不太一样，先不要认为是你的错误。解决同一个问题可能存在多种方法，本书所提供的不一定是最好的，只是相对比较简单和易于理解的方法。

首先，打开一个文本处理程序并用这个程序保存一个名为rps.lisp的纯文本文件。然后，在ACT-R中输入清理工作空间的指令。

列表21.1 启动

```
(clear-all)
```

如何定义模型中的基础概念？在最初的尝试中，我们决定将游戏片段定义为文本字符串，因为我们知道如何去比较Lisp中的文本字符串，比如检查两个文本字符串是否相等。基于文本字符串，我们可以生成游戏元素的代名词“剪刀”“石头”“布”，它们都可以有其独特的类型，而基于文本字符串开始定义它们就不需要再学习新的概念和功能，相对更为便捷。

要判断一场比赛是赢、输，还是平局，需要定义一个函数，它能接受两个玩家提供的两个代名词，并计算结果。试着用伪代码写出一个简单的函数，然后将它与下面编写的Lisp函数进行比较。

如何知道谁赢了？为了通过比较两个文本字符串来定义赢家，我们不需要

ACT-R，Lisp就可以实现它，然后在ACT-R产生式中调用这个Lisp函数。

列表21.2 写一个评判比赛的Lisp函数

```
( defun judge ( p1 p2 )
  ( cond
     ( ( string = p1 p2 ) " tie" )
     ( ( and ( string = p1 " rock " ) ( string = p2 " scissors " ) ) " loss " )
     ( ( and ( string = p1 " rock " ) ( string = p2 " paper " ) ) " win " )
     ( ( and ( string = p2 " rock " ) ( string = p1 " scissors " ) ) " win " )
     ( ( and ( string = p2 " rock " ) ( string = p1 " paper " ) ) " loss " )
     ( ( and ( string = p2 " paper " ) ( string = p1 " scissors " ) ) " loss " )
     ( ( and ( string = p2 " scissors " ) ( string = p1 " paper " ) ) " win " )
     ( t nil ) ) )
```

基于这种函数，我们可以轻松地扩展或调整ACT-R工具，以满足特殊的建模需求。defun是一个Lisp关键词，它允许我们定义一个名为“judge”的函数（有关函数概念的介绍，请参阅本书第 8 章）。该函数将接受两个输入，其中玩家 1 的输入被定义为“p1”，玩家 2 的输入为“p2”。string =是一个Lisp函数，用于测试两个字符串（即一组字符）是否相等。我们设定了一系列的条件测试来判定输赢，我们还使用了and函数去判断两个条件是否都被满足。在Lisp环境中，我们使用了很多括号来表示条件的搭配组合。这个函数可以写得更紧凑些，但是紧凑的函数一定更好吗？这个函数已经相对很短了，可以帮助不熟悉Lisp语言的人迅速理解它在做什么。通常来说，代码越短越好，但这并不总是这样，代码的清晰可理解性通常更为重要，而简短的代码并不总是清晰的代码。 184

练习：扩展你对Lisp的理解

以上面的函数作为模板，自己编写一个Lisp函数，将任意两个字符串作为输入，判断它们是否相同并输出结果。

把上述代码写到文本文件中，加载到LispWorks中，然后在命令行中测试它。例如，输入（judge “one” “two”）以检测函数功能。

如何定义一个ACT-R模型？ 我们将从一些关键词和注释内容开始，你可以在ACT-R帮助文档中找到这些关键词对应的含义，或者你也可以基于本书中的代码开始学习，先从复制代码开始。

列表21.3　定义模型

```
; ; ; The ACT-R model
( define -model rps
( sgp
     : esc t
     : lf 0.05
     : v t
     : trace-detail low
     : er t
     : b11 0.5
     : ol t
     : act nil
     : ul t
)
( chunk-type name )
( chunk-type name slot )
( chunk-type name slot slot slot )
)
```

185　Lisp使用“;”字符作为注释符，即在这个分号后面的一行内容会被Lisp忽视。sgp是用来设置ACT-R参数的，这里先不做解释，只需要照着上面代码中的参数复制即可。本段代码的最后还有三个“chunk-type”语句，代表RPS模型需要的三种块类型：

- 描述一轮RPS游戏的状态；
- 说明在这轮游戏中的位置；
- 指明双方在做什么。

我们已经展示了我们所定义的变量名和计划使用的插槽数。你可以尝试自己思考和规划一下，然后和我们的代码进行比较。你可以用一个有意义的描述性词语来替代块类型的原有名称“name”，然后为不同的插槽指定单独的名称，以帮助你指明该插槽的作用。你所选用的单词名称不需要和本文的代码相同，只要你的思路能够实现RPS模型即可。

内存里有什么？下面我们介绍如何标记块类型。

列表21.4　块类型

```
( chunk-type stage )
( chunk-type game stage )
( chunk-type trial p1p p2p result )
```

我们创建了一个块类型stage来表示在游戏中所处的不同阶段，块类型game则用于携带并更新阶段信息。最后，还有一个块类型trial包含了两个玩家所做的选择和比赛的结果。注意，ACT-R中的插槽可以是空的，如块类型trial中的插槽，可以在游戏中再补充其内容。

下一个任务就是要创建游戏的各个阶段。初学者可能很难理解块类型是什么，可以用动物类比来帮助理解，比如狗是一种动物，但我们养的狗Fido是一条特殊的狗。当我们创建块类型stage时，就创建了一个ACT-R实体，代表了游戏所有阶段对应的类型（就像是关于动物的单词“dog”）。所有的游戏阶段都有一个名称，并且都是一个块类型为“stage”的对象。我们可以进一步将这些特定的实例储存到陈述性内存中。

列表21.5　储存陈述性内存

```
( add-dm
  ( init isa stage )
  ( makep1move isa stage )
  ( makep2move isa stage )
  ( judge isa stage )
  ( record isa stage )
  ( quit isa stage )
  ( contest isa trial )
  ( g isa game stage init )
)
```

每个列表的第一个元素是我们为其指定的名称，然后使用ACT-R的关键字“isa”来指定它属于类型stage。此时也可以填充一些可用的插槽，如，声明插槽的名称和值。注意，我们创建了一个名为“g”的game类型，并将值“init”放入了stage 插槽中。

186

我们需要什么产生式？虽然产生式规则在直觉上很容易理解，但它们在实践中会带来一些挑战，因为它们需要使用专门的语法。回想一下，“==>”是分隔if和then组件的符号。对于每一个产生式，我们用“p init...”来定义产生式及其名称。在

ACT-R中，我们可以对不同类型的事物使用相同的名称。例如，字符串“init”可以同时代表一个产生式和stage的一个值。模型具体情境下所使用的“init”代表什么需要根据代码上下文进行推导。名称空间就是指使用它们的上下文内容，但给多个对象取相同的名称并不是一个好习惯，它会使代码更难理解和调试。

在if部分，我们需要指定应该检查哪些缓冲区以及设定哪些条件该被满足，也可以创建局部变量以在产生式内部检查或设置特定插槽的值。你可以使用“buffername>”来定义缓冲区，该名称前需要加符号“＝”“-”或“+”，其具体作用可以通过下面的实例来了解。下面是为了实现初始化一轮RPS游戏所使用的代码：

列表21.6 初始化产生式

```
( p init
      =goal>
         isa      game
         stage    init
   ==>
      +retrieval>
         isa      trial
      =goal>
         stage    makep1move
)
```

在这个产生式中，我们需要查询目标缓冲区中是否包含属于块类型game的元素，以及名为stage的槽是否存在并包含名为init的块。在ACT-R中，用来代表块类型的单词不需要加引号，但之后你也会看到加引号的单词，加引号只是为了方便我们检查单词间的相等性。在大多数情况下，最好创建一种块类型来表示游戏中的元素，如剪刀，并将它们作为已命名的块类型内容进行比较和检查。

187

符号“＝＝>”后代码，即if-then中的then部分，用于清除陈述性内存缓冲区（又称为回收），并从内存中调用块类型trial。之后还需要查询目标缓冲区，并更改stage 插槽的值，以包含块类型makep1move，makep1move被用于代表玩家 1 的操作。代码中没有出现的另一个缓冲区的前缀是“-”，这个前缀可以被用于清除一个缓冲区，而不需要向其中写入任何内容。

我们看看接下来两个产生式规则，来进一步生成“剪刀、石头、布”模型的结果。完整的代码在本章的注释部分[10]。

列表21.7 其他两个产生式规则

```
( p getp1move
      =goal>
          isa       game
          stage     makep1move
      =retrieval>
          isa       trial
==>
      !bind! =p1choose ( car
          ( permute-list '( "rock"  "rock"  "paper"  "scissors" )))
      =goal>
          stage     makep2move
      =retrieval>
        plp       =plchoose
)


( p p2rock
      =goal>
          isa       game
          stage     makep2move
      =retrieval>
        isa       trial
        p1p       =p1p
==>
      =goal>
        stage     judge
      =retrieval>
        p2p       "rock"
)
```

上述代码中包含了一些之前没有出现过的元素。比如，在两个感叹号中间使用单词。这个“！ bind（绑住）！”的命令，顾名思义，可以将某些东西绑定到变量名上，这里的“p1choose”需要在它前面加上等号（＝p1choose）。然后，我们可以用一个简单的Lisp函数从剪刀、石头和布三个选项中随机指定玩家1的选择。通过在这个列表中输入两次石头“rock”这个词，会让玩家1选择石头的可能性增加。这显然

188

不是玩家 1 的最佳策略，这种有偏向的游戏概率还可以被第二个玩家用来增加玩家 2 的成功率。在 ACT-R 中，我们如何才能利用这一点来帮助玩家 2 获胜呢？

练习：扩展你的 Lisp 词汇

查找 Lisp 命令 car 和 cdr 的作用以及它们如何进行组合使用。

在我们得到玩家 1 的随机且有偏差的选择之后，就可以将它存储在名为 p1choose 的变量中，储存时需要在变量名前面加上等号。然后，我们使用该变量将对应值放入位于陈述性内存检索缓冲区的插槽中。

我们的规则会为玩家 2 的选择带来什么影响？玩家 2 是否会利用玩家 1 对石头选择的偏向来帮助自己获胜？

练习：玩家 2 的其他选择

创建玩家 2 选择剪刀、石头、布的产生式规则，并思考规则的产生条件。

创建用于确定和记录试验结果的规则，这时需要用到前面创建的 judge 函数。

我赢了吗？ ACT-R 的规则不一定是决定性的。也就是说，它不必在面对同一组条件时每次都选择相同的产生式，也可以随机选择不同的产生式。此外，可以设置一个产生式被选择的概率，指定当多个产生式都满足 “if” 条件时，这些产生式被选中的可能性大小。一个产生式被选中的概率也可以取决于它最近何时被选中过以及使用该产生式时的成功率。

在我们完成一轮比赛后，还需要记录结果并返回到初始阶段。如果玩家 1 获胜，我们可以这样记录：

列表 21.8　记录玩家 1 获胜的结果

```
( p record1Won
    =goal>
        isa     game
        stage   record
    =retrieval>
        isa     trial
        p1p     =p1c
```

```
        p2p     =p2c
        result  "loss"
==>
    !output! ("P1 won")
    =goal>
        stage   init
)
```

这里我们先不将结果写入文件，只需将信息输出到LispWorks控制台中即可。

练习：其他结果

创建两个产生式来记录平局或玩家 2 获胜的情况。

如何包装？一个简单的“停止”问题。我们需要一个产生式来判断是否退出循环，即在调用有限数量的运行函数后终止模型。此外，在逐步检查ACT-R模型的每个步骤，以及在系统工作中检查缓冲区的内容时，这种停止的功能都是必要的。在本章最后一个代码演示中，你将看到编写ACT-R RPS模型需要做的最后工作。我们需要设置退出的规则，用不同的值来执行记录哪个玩家获胜了，要设置该规则需要先设置目标终点。

列表21.9　总结RPS模型

```
( p quit
    =goal>
        isa     game
        stage   quit
==>
    -goal>
)
( spp record1Won :reward -1)
( spp record2Won :reward 1)
( spp recordTie :reward 0)

(goal-focus g)
```

即使我们的模型在记录结果时没有对模型运行产生直接影响，但我们提供的奖励将与之前的所有产生式一起影响最终获得的奖励。如果玩家 1 的选择存在偏差，那么我们的ACT-R模型应当能够利用这一点，因为每一次玩家 2 获胜，都会有一个积极的奖励反馈给先前的产品。由于玩家 1 比其他玩家更经常选择石头，玩家 2 选择布会比选择其他选项更容易获得奖励，这最终也主导了玩家 2 的选择。但是这个功能能够实现吗（见图 21.3）？

190

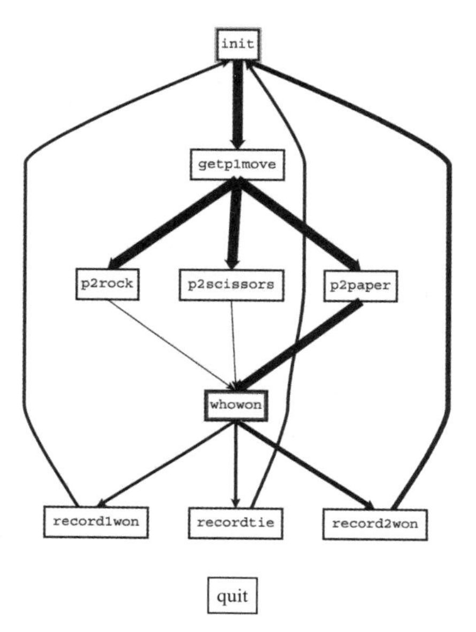

图21.3 ACT-R图形界面生成的图，线条粗细表示通过RPS模型的具体实验条件的相对比例的大小，可以发现玩家2选择布是最多的，并且选择布带来的获胜次数也更多

21.3 总结

这一章与前几章有所不同。这里我们学习并使用了一个应用广泛的前沿认知建模研究工具。这个模型通过简单的机制和规则就可以帮助我们探索认知建模的产生式规则。通过学习这个工具，我们就可以真正地开始进行研究，这个学习过程也帮助我们掌握了一种通用的、流行的函数式编程语言 Lisp 的基础用法。

191

在具体练习中，我们学习了如何下载和安装软件，以及Lisp和ACT-R的基础知识。这些练习扩展了我们的知识技能，让我们能够基于概念化的认知问题，设计一个认知模型的大纲。然后，进一步完成了ACT-R代码的编写过程。最后，实现了一个简单的猜拳游戏代码。这样的尝试和练习可以帮助我们进一步、更详细地研究人类如何在简单的双人游戏中进行学习和竞争。在下一章中，我们将介绍智能体建模的软件。

第22章 基于智能体的建模

学习目标

在阅读完本章后，你可以：

- 理解基于智能体建模的含义；
- 列举智能体模型的各个组成部分；
- 使用 NetLogo 软件构建一个智能体模型。

22.1 概述

在神经科学和心理学领域中，基于智能体（agent）的建模方法逐渐成为计算模型的一个重要分支。该方法的发展直接受益于廉价的桌面计算力的快速增长。无论何时，我们都能够描述一些简单的规则，同时这些规则的集合会导致出现复杂的或新的现象，但是过去我们无法验证我们的观点。如今，利用计算机，我们就能确定答案。我们可以对单个个体的行为编写程序，然后运行同一个程序的不同交互版本，并观察这些能够与环境交互的智能体的总体行为。

很明显，这种方法对于社会心理学家来说非常有用，但基于智能体，建模方法并不仅仅对这个领域有益。任何可以描述为系统中的组成部分会与环境自动交互的研究问题，都可以使用基于智能体的建模方法来研究。我们不能把智能体想象成微型小人，智能体不一定需要体现人类的目标导向或能力。我们可以把智能体与动物的观念联系起来，然后模拟蝴蝶从一朵花飞到另一朵花，故智能体只是遵循某种规则的东西。我们称之为智能体，并不代表它有知觉或者意识。

基于智能体的建模思想和工具可以应用于各种环境或者问题研究。我们在本章将会编写一个基于智能体的眼动模型作为示例。

如果你感兴趣的问题涉及大量的信息交互，或者需要不断迭代重复，那么基于智能体的建模方法很可能是有用的。检测你的模型是否有效，在于你能否用较少的、比较具体的交互行为来描述你的整个系统。

194

在本章中，我们将会列举在智能体模型背后的一些基本理念，并探讨应用这些理念的范例。为了编写智能体模型，我们将继续完成第 21 章的例子，学习如何使用一个免费的建模工具NetLogo。NetLogo是一个为教学而设计的软件，但它的功能非常强大，而且可以替我们解决可视化呈现模型，或者在模型中设计一个界面用来与用户交互的难点。尽管它是使用 Java 编写的，但它使用的是类 Lisp 语法，这与我们之前编写 ACT-R 时的代码类似。因为 NetLogo 主要是一个教学工具，所以相比其他语言而言，它有着更多的教程和示例。目前已有一本 NetLogo 的入门教材（Railsback & Grimm，2011）出版。

22.2 智能体模型的发展历史

从很多角度来看，在第 11 章所演示的元胞自动机，可以说是智能体模型的原型。元胞自动机呈现了智能体模型的很多关键特征，包括大量的个体并行地执行一个特定的小型规则集合，并相互交互，从而产生一种较大规模的现象。

尽管有这样的渊源在，但是基于智能体建模的方法和程序在 20 世纪 90 年代才开始盛行，这毫不令人意外。同时，这种增长伴随着智能体概念的变化。对于元胞自动机来说，规则清晰、具体且确定。而随着智能体相关概念的发展，它们被逐渐假设存在简单智能的个体。智能体被赋予了目标、需要、信念和意图。由此不难想象，社会科学界能多快意识到这种方法的价值。

在智能体模型的这个一般性的方法下，有着不同的应用主题。如今看来，当初认为是人工智能模型的产生式系统，可以直接转译为智能体模型。神经网络模型也可以重新命名为多智能体模型，去中心化是现代智能体模型的另一个组成成分，而通过将相同的智能体应用于改变过的环境，则可以用于研究环境对智能体的影响。

计算机科学的发展也同样对基于智能体的建模产生重要影响。在 20 世纪 80—90 年代，人们着重于扩展编程语言来支持面向对象编程。例如，C 语言被扩充为 C++，而后者大受欢迎。就连人工智能的语言 Lisp，也在它的武器库中增加了面向对象编程的模型。在面向对象编程中，变量和计算过程被打包成一个可以执行计算的，被称为“类”的东西，而类中具体的成员即是“对象”。正如一个人有着具体的属性，如他的名字、身高、体重、年龄和力量等，他也有自己知道如何去做的事情，比如弹钢琴或者投球。定义这些属性和行为所对应的函数就是将人类这个类创建为一个具体的对象，而每个对象都有着细微的差别。如不同对象投球的成功率可能取决于他们的身高、体重、年龄和力量等因素。在对人类进行模拟的计算机程序中，我们可以用这种方法来简洁地定义智能体。因此，计算机算力和软件开发范式的发展，促成了智能体模型的发展，并允许不是计算机科学家或程序员的人能利用这些技术非常容易地实现自己的想法。

随着这些一般性技术的发展，一些专门用于开发智能体模型的软件平台被设计出来，它们基本上就是一个大型的程序，并且支持智能体模型的相关功能。这些平台不仅包含了智能体模型的基本组成要素，还包括了通过可视化方法观察智能体活动的工具。

195

22.3　智能体模型的组成部分

智能体模型的组成部分正在被标准化。一般来说，一个智能体模型需要智能体（agent）、联结（links）和环境（environment）三个部分。智能体是赋予计算规则的计算单元。联结又称为关系（relationships），指明智能体之间如何进行行为交互（比如竞争或合作），环境则提供了发生这些活动和交互所在的虚拟空间。

一般来说，智能体的描述是完全独立的。BDI是定义智能体的流行方法之一，其中的信念（belief）、需求（desires）和意图（intentions）均需要明确指定。信念指智能体对自身、环境和其他智能体的预期。比如，其他智能体会有多大的敌意？需求可以理解为一种目标，比如寻找食物。意图指智能体在以其信念作为前提时，如何完成其需求的计划。

22.4　构建一个智能体模型

在电子表格程序中实现智能体模型虽然可行，但是模型中的大量动作是同时发生的，而且模型的动态性也使这个程序充满挑战性。我们要么更新表格一次次地实现每个智能体的每个动作，要么学习用电子表格程序的脚本语言。但是第一种方法会让我们失去动态的可视化呈现，而这是我们的重要信息来源。而第二种方法我们需要在表格中编写宏代码，即一些真正的计算机程序语言，这样则会让我们失去使用电子表格程序的优势，即它的简便性和我们对它的熟悉。

因此，我们将使用一个便于理解和使用的构建智能体模型的工具：NetLogo。这个建模平台自 2000 年发布并持续更新，它常被应用于教学环境，并且有优秀的教程来指导其使用。NetLogo 使用自己的编程语言，但它本身是使用 Java 编写的。NetLogo 有一个大型的示例库，其中提供了大量的例子展示如何使用智能体模型以及如何实现它们。

22.5 NetLogo 简介

获取 NetLogo

196

从 NetLogo 的主页[1]获取下载链接。主页上的“下载”(Download)按钮将会导向对应不同操作系统的下载页面。本书写作时的版本为 5.0.1。

因为 NetLogo 是由 Java 编写的，所以在所有的设备上都可以运行，但在那之前你需要安装好 Java，对于 Windows 和 Mac OS X，你基本不需要担心这个需求。但是，在 Linux 上你需要安装对应系统的最新版本的“JDK”(即 Java 开发工具套件)，它可以通过发行版的包管理器获得。你可以先试试运行 NetLogo，如果不能运行的话，再考虑 Java的问题。

测试 NetLogo

如果你已经安装了 NetLogo，请使用对应于你的操作系统的方式启动它。随后点击“文件”(File)菜单，选择其中的“模型库”(Models Library)选项。点击“社会科学”(Social Science)旁的小箭头以展开菜单，点击“文化中心主义”(Ethnocentrism)。现在，你将看到一个色彩丰富的插图和简要的说明，再点击下方的“开启”(Open)按钮。

现在，你已经打开了这个模型，所有的按钮和呈现的结果对于用户来说都是可以通过编程进行修改的。比如，右键点击两个箭头之间的“执行”(Go)按钮，选择“编辑”(Edit)选项，你会发现这个按钮的内容可以通过简单输入而改变，当前是执行“go”命令。

如果你想查看“go”命令的作用，点击界面下方的“代码”(Code)选项卡，这将打开一个你可以进行输入的文本编辑器。这里包含着这个模型的所有代码。如果你进行搜索，可以看到一个以“go”开头的程序，这个程序在“end.”处结束。这段程序看起来可能又冗长又复杂，但你看到代码所做的事情后，你会意识到 NetLogo 是一种非常紧凑又富有表现力的语言。

想知道模型在测试什么，只需要点击“信息”（Info）选项卡，这又会打开一个你可以输入的窗口，但是你需要先选择顶部的“编辑”（Edit）按钮。在这里你可以了解模型的背景信息和模型如何执行的细节。现在，让我们先粗浅地测试一下，返回到“界面”（Interface）选项卡，点击“空安装”（Setup Empty）按钮，然后观看演示。当演示效果不好时，可以再次点击“Go”按钮来暂停模拟。此时你也许会对模型在模拟什么更加感兴趣，但在此之前，你可以先克服自己不敢修改程序的想法。左右拖动屏幕上的滑块，随后点击“Go”按钮，呈现的内容也许会与之前不同，但仍然可以运行。要重新开始，只需要重新打开这个模型。

练习：探索 NetLogo 中的模型

在模型库中搜索一个你感兴趣的模型，加载并运行它，再阅读相关信息以理解这个模型在测试什么。几乎所有的模型都会有值得你去观察的东西和尝试修改的部分。通过在不同的设置下运行这些模型来探索其机制，这就是模型的作用。

22.6 构建一个 NetLogo模型

197

NetLogo 是一个强大且复杂的程序。在本节中，我们将会构建一个简单的 NetLogo 模型来演示这个软件的功能和特性。我们的目标是充分熟悉 NetLogo 程序的结构和语言，以便你可以自己调试和评估模型。首先，我们需要概述一下上文的智能体模型的术语和 NetLogo 的命令之间的关系。

NetLogo 的灵感来源于一种称为 Logo 的编程语言。Logo 语言环境中，存在一个小型的智能体，可以四处移动用来绘图。这个智能体被称为“海龟”（turtle）。因此，在 NetLogo 语言中，智能体也被称为海龟。海龟在整个程序中循着补丁进行移动。这些补丁统称为环境。海龟和补丁有其内在的属性，比如，它们的颜色和位置。此外，你还可以创建不同种类的海龟，并且在海龟之间建立联系。

NetLogo 中的一切命令基本上都是两种不同的行为：“执行”（do）行为和“报告”（report）行为。我们可以指定补丁，或者要求海龟告诉我们它的颜色，我们可以告诉海龟移动到环境中的某个位置，或者要求海龟改变它所在的补丁的一些属性。想象一下，一只真实的海龟和一条由草组成的补丁，构想出一条让海龟“吃”的命令。这将会导致描述这个补丁上有多少草的变量发生改变，“吃”也可能会改变海龟能量水平的变量。

选择你的问题

正如我们在第 21 章所看到的，对于任何建模问题，第一步都是要抽象地描述研究问题与模型规范。在我们的问题中，我们将会构建一个有关人口迁移的数学模型，并检验其是否能够模拟视觉搜索中的眼动过程。抽象的一个价值就在于我们可以跨越层次，可以从人类群体到器官，可以将环境从新英格兰转换到计算机的搜索任务。

人口迁移模型

引力模型是有关通勤和人员流动的一个常用模型。引力模型中蕴含的思想是人们从一个地方迁移到另一个地方的概率与两个地方的人口数量的乘积成正比，与两地之间的距离成反比（类似于万有引力公式）。西米尼（Simini）、冈萨雷斯（Gonzalez）、马里坦（Maritan）和巴拉巴西（Barabasi）（2011）则提出了另一个模型。我们可以把他们提出的模型看作一种基于人类惰性的算法，即人们常常会前往能够给他们提供更好的东西，且距离最近的地方。

我们如何将这种算法应用于眼动分析呢？当我们在场景中搜索一个隐藏的物体时，我们将看向哪里取决于我们在寻找什么，以及这个物体所隐藏的背景。比如，当我们玩“威利在哪里”的游戏时，首先会搜索具有红白条纹的物体。*

在视觉搜索中，我们看向哪里会受到最近发生的事件概率的影响。例如，如果提示我们一个隐藏目标的特征，在搜索时就会优先考虑这些特征。解释人类迁移的公式能够应用于眼动行为吗？如果可以的话，我们预期我们会看向离我们最近的，且比我们正在看的有更大可能是目标的物体。我们将会重复这个过程，直到看向目标。

198

* 威利是一个身着红白条纹服装的卡通人物。——译者注

练习：将想法映射到软件

在我们模拟眼动模型前，先将我们抽象水平较高的描述映射到软件的功能上。为了完成这件事，你可以在 NetLogo 词典和编程指南中发现一些信息。其他的演示模型中也可能有一些信息，请你自己或者你们的小组完成下面的练习：

1. 智能体在 NetLogo 中是哪一个组件？
2. 在我们的眼动模型中，将哪一部分设为智能体？
3. 请写出一个 NetLogo 模型片段，实现我们如何对物体进行视觉搜索。
4. 我们如何才能将更多的或者更少的物体作为目标？

开始编写 NetLogo 程序

我们将再一次通过构建一个简单的例子，来作为学习方式。同时我们将修改一个现成例子中的代码，而不是从一张白纸开始编写。你会发现在 NetLogo 库中的造谣工厂（Rumor Mill）模型是一个非常简单的模型。打开编码选项卡，选中并复制代码，在“文件”菜单中，点击“新建”（New），打开一个空白的代码框，并将你复制的代码粘贴到其中，回到“文件”菜单，点击“另存为”（Save-as），并保存。现在你可以使用 NetLogo 了。NetLogo 可以测试你的代码是否可以正确执行，但它并不能检测你的代码是否能实现你想要的功能。点击“检查”（Check）按钮，你会看到一条黄色的错误信息，这是因为我们没有定义“INIT-CLIQUE”命令。“INIT-CLIQUE”命令是之前这个模型的滚动条组件。因为在代码中并没有定义这部分内容，所以会有这个错误信息。由于我们现在只是想得到一个用于入门的程序框架，因此这并不是一个致命的错误，我们所感兴趣的部分是变量、计算过程、程序命令和报告。任何以“to”开头的语句都是命令，它的基本语法是：

> 那些以分号开头的行是注释。大多数计算机语言通过应用一些字符作为标记来允许你在代码中添加纯文本语句。在试图记住代码应该做什么的时候，这些注释很有帮助，但不要添加太多的注释。它们实际上会掩盖代码，并通过将代码行掩盖在注释中，而使你更难弄清程序做了什么。

```
to <ourFunctionName>
...stuff....
end
```

199 我们可以使用我们需要的函数的名称来替换“ourFunctionName”，比如“setup”。

既然我们已经知道了如何在 NetLogo 中使用函数，也知道如何使用变量，它们不是以“to”开头的命令，而是一串字符，并且后面跟着一个用“[”和“]”括起来的“词语三明治”。为了让我们的程序框架能够开始运行，请删除方括号之间的变量，以及所有函数名，还有它们到 end 之间的所有内容。这样当你点击“检查”（Check）按钮时，就不会出现错误信息，而且检查标记的图标将会是灰色的。

函数和变量命名有一些流行的风格。单词之间不断开，每个新词都以大写字母开头（除了名字的第一个字母）的风格被称为驼峰格式。另一种风格是用下划线代替空格，比如这里我们的函数名。然而，"_"键我们并不常用，所以我们更喜欢驼峰格式。你使用哪种风格，主要是个人或机构的偏好。注意：在函数或变量名称中不能有空格！

对于我们的眼动模型，我们把眼球的运动当作海龟的运动来编写这段程序。我们的智能体，即观察者，或者至少是他们的眼睛，将会按照所建立的规则从一块区域转移到另一块区域。区域间并不相同，是有背景的，我们将其涂成黑色。其他的区域我们涂成红色或者绿色，用其代表被试正在搜索的对象，其中的一种就是我们的目标。我们用红色和绿色来表示我们的不同收益。为了表达不同颜色的对象在是否予以“提示”时，对于吸引被试的注视有着不同的价值权重，我们将会给每一个颜色区域设置一个数值变量。

为了让我们的模型能够运行，我们需要完成以下步骤：

- 弄清楚我们正在看的地方。
- 确定每个地区中，哪个对象对于这个区域有最大的价值。
- 找到离我们当前位置最近的对象，并且它的值比我们正在看的对象价值更高。
- 移动到该对象上。
- 检查它是不是目标：如果是，就退出搜索过程；如果不是，重复这个过程。

练习：构建一个高抽象水平的标准

为了检验你是否理解了较高层次的算法，请你写下如何执行这些步骤的具体细节。无须担心忘记如何编程，你可以脱离具体的 NetLogo 代码。

- 对于补丁有着一个具体的值，你是如何理解的？
- 你将使用什么程序来确定每个县有着最大价值的对象？

编写细节:细品一些 NetLogo代码

列表 22.1　在 NetLogo 中声明变量

200

```
;;; Eye Movement Model
;;;Author: Britt Anderson

; global variables from eye movement model
globals [
    ngd      ;number green diamonds
    ctyPSz   ;county size in patches
    tClr     ;target color
    tClrInc  ;target color increment
    startx   ;starting x coordinate location
    starty   ;starting y coordinate location
    maxpm    ;maximum pick-me value
    turtN    ;number of turtles (i.e. eye-balls)
             ;we will create
]

;variables local to patches
patches-own [
    isDia    ;is this patch an object?
    isTarg   ;is this patch the target?
    cty      ;what is the county?
    pickMe   ;what is the pick-me value?
    visited  ;how many times have we looked here?
]
```

在这段代码的顶端，我们放了一些用于辨别代码段的信息。这些信息并不是必需的，但在你返回查看你还没编写完的文件时是非常有用的。我们对将要使用的两个类分别做了注释。“globals”是那些在我们的程序中任何地方都能看到的变量。第二个类是我们在定位这些区域时将会使用的名字。区域可以作为目标（isTarg = True），也可以不作为目标（isTarg = False）。每个区域将会有一个 isTarg 变量，但是没有一只海龟会带有这个变量。我们给每个变量都做了注释，以表明它们分别代表什么。当我们刚开始编程时，我们没有意识到需要以上变量。例如，我们缺少了一个“visited”变量。有些变量，只有在进行测试时，观察程序的运行时才会被发现是需要的。如果你没有毫无遗漏地把它们都想出来，或者没有弄清楚这些变量的作用，也不要觉得自己犯了错误。重复测试过程，程序常常会逐渐开发完成。在一开始时保持程序的简单，当你需要时再添加更多细节。

练习：填补空缺

这是一些可以让你完善模型的步骤：

- 编辑程序的框架，使其包含上面所提到的变量的名称。在你输入代码时，你需要频繁地检查，以确保程序不会出错。注意要经常保存你的程序。
- 创建有关海龟变量的类别，并输入名称“xjitt”和“yjitt”。我们将使用这两个值来稍微改变初始位置，从而使我们在同时模拟多个智能体时可以更清晰地看出模拟是如何执行的。
- 在你的设置过程的开头添加“ca”，并在结尾添加“reset-ticks”。这些都是NetLogo 过程的常见起始标记，并且可以在程序开始时清除全部变量，重置模拟过程的时钟定时器。

201

在定义函数前需要先初始化我们的变量。下面是两个示例：

列表 22.2　初始化变量

```
set turtN 10
set startx max-pxcor / 2
set starty max-pycor / 2
```

我们可以使用数字或数学表达式来定义变量，变量max-pxcor是一个内置变量，它规定了区域的横坐标x的最大值[注意p代表区域(patch)]。如果想了解NetLogo世界维度的更多信息，可以点击返回“Interface”选项卡，并单击“Settings”按钮，虽然你可以根据自己的喜好自由调整这些设置，但这里的演示代码假设整个世界的大小是35乘35(注意，由于计算机编程语言中常见的数值是从0开始计数，因此max-pxcor的值是34)。在设置界面中，可以将“世界”的原点放置在左下方，并且关闭“wrapping horizontally”与“wrapping vertically”选项。

你将会需要两个全局变量。这两个变量并没有在上面列出来，这是因为我们将使用滑动条来控制这些变量的值。返回“Interface”选项卡，你可以看到黑色的“世界”屏幕，点击“Button”按钮，创建“Setup”按钮和“Go”按钮，通过点击右键来编辑每个按钮。你可以给按钮指定任意的名字，但是“setup”和“go”命令必须正确地填写在右侧的输入框中。如果你想知道有没有正确完成上述步骤，只需在库中打开另一个模型，右键点击模型中的按钮，选择“Edit”，即可查看这个模型是如何设置的。

你可以使用类似的过程来创建两个用来控制全局变量“nrd”和“offset”的滑动条。这两个变量分别指代被提示的和未被提示的目标分类变量（在这个练习中我们简化一下，假设绿色是提示颜色）。

我们同样需要创建一张图，用来描述有多少对象被访问，以及有多少智能体还没有找到目标。你可以通过阅读 NetLogo 文档中的例子，或者看一下示例库中的其他模型来获取灵感。

在我们的“setup”函数中，我们需要初始化区域和海龟。当我们想让区域执行某些操作时，我们使用“ask”来让它们执行，对海龟也是如此。比如，我们可以通过如下命令来设定区域的一些变量值。

202

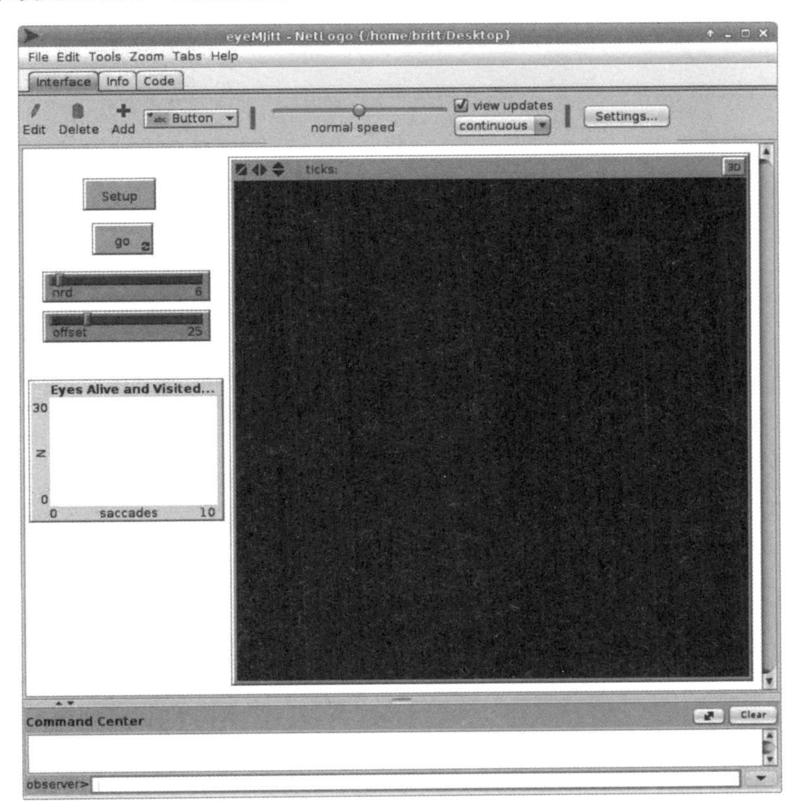

图22.1　NetLogo 眼动模型的界面

列表 22.3 初始化全部区域

```
ask patches
  [
    set pcolor black
    set isDia false
    set isTarg false
    set pickMe –1
    whichCty
    set visited 0
  ]
```

在这段代码中，我们使用“ask”命令要求每个区域将其颜色设置为黑色。同时使用“ask”命令声明这些区域并不是对象，也不是目标，它们也并没有被访问过。一开始，我们制定了一个较低的 pickMe 值，在之后可以根据需要修改变量，这样写会让程序更加简洁。注意，每行表达式都使用了关键字“set”。我们同时使用“ask”来运行一个名为“whichCty”的函数来设置其 cty 变量。这并不是 NetLogo 自带的函数，而是我们自定义的。你需要将 whichCty 函数添加到代码页面的底部，代码如下：

203

列表22.4 whichCty 函数

```
to whichCty
    set cty (floor(pxcor / ctyPSz))+\
    (floor (pycor / ctyPSz)) * (ceiling (max-pxcor / ctyPSz))
end
```

“set”命令在这里被隐藏了。你也可以用这几行代码来替代上面代码中的 whichCty函数，而程序也能正常运行，但是程序可能不容易被理解。我们把 whichCty 写成一个单独的函数，可以保持可读性。这样我们看代码的时候，就能明白，我们在哪一个县计算补丁。如果看到把上述代码也包含进去的长代码，那么可能就不够直观了。之后，如果我们想知道 whichCty 的计算细节，可以再去查这个函数。

> 你能理解 whichCty 函数是如何找到每个区域的所对应的县吗?

我们使用 n-of 函数来覆盖默认的值，并创建新的对象，我们要求所有的对象都选取一个数值，而NetLogo将会随机生成这个数值。

下面的代码反映了我们如何设置红色对象：

列表 22.5　创建红色对象

```
ask n-of nrd patches [
  set pcolor 14
  set isDia true
  set pickMe random maxpm
]
```

我们把完成一个类似的绿色对象当作留给你的另一个练习。你也许下一步会希望创建黑色的区域，否则你只能使用绿色的区域来代替红色的，从而导致你的编码数值被用完。为了帮助你完成这一练习，你可能会发现，可以通过 NetLogo 的关键词 with 来选择区域，比如 with [pcolor = black]。

通过选择一个不是黑色的区域，可以进一步创建一个目标区域。随后你可以创建"眼睛"并搜索它们。

列表 22.6　创建我们的搜索器

```
crt turtN
[
  set shape "eyeball"
  set xcor one-of (map [? + startx] [-1 0 1])
  set ycor one-of (map [? + starty] [-1 0 1])
  set xjitt random-float 0.5
  set yjitt random-float 0.5
  pen-down
]
```

这个函数和上面的类似。我们使用 crt 来创建海龟，并且告诉这个函数要创建多少只海龟。对于创建海龟的数量我们制定了一个变量。你也许会想指定一个具体的值，比如 1，然后逐步增加，直到程序可以顺利运行（注意：开始时尽量简单，随后再完善细节）。

204

我只将海龟的形状设置为"眼球"，但它并没有任何实际作用，只是因为这是一个眼动任务，所以这样设置看起来很有趣。你可以把这一步设置去掉，默认的是一个小三角图标。

> 如果你想要的是一个"眼球"而不是海龟，那么前往 TOOLS 菜单，选择"TURTLE SHAPE EDITOR"，找到"眼球"选项，并且导入它。

在一开始，你也许想把海龟的初始位置设为一个固定的区域坐标。你只需设置 xcor 和 ycor 为特定的数值，比如 16 和 16。我们已经设置了一个小程序，来获得每次都略有不同的初始位置，因为真正的被试不会完美地在屏幕中心注视，而且这样也便于区分不同的智能体，而 pen-down 命令则意味着它们会在移动时标记出它们的移动路径。

我们模型的其他部分使用了 go 函数，这个关键函数决定了当程序运行时所发生的事情。它需要一个报告器函数，从而让我们知道发生了什么。报告函数是“报告”事件价值的函数。

我们有一个报告器来确定一个县的哪个区域有最大的 pickMe 值，还有一个单独的函数来确定这个县的值。这里将两者分开是为了可读性，而非一定要这么做。

在写这些报告器函数时，我们用了一个称为 map 的 NetLogo 函数。在 Lisp 和 Haskell 等函数式编程语言中，这是一个非常重要的函数（在 Python 中也有一个类似的变体）。在 NetLogo 中，这个函数并没有太大的区别。map 可以让我们反复做相同的事情，只要知道第一次应该如何去做就可以。例如，有一个函数“求平方”，我们可以“求平方”（2 -> 4）。但是如果我们使用 map 去“映射”它，就可以用“求平方”来计算一个数值列表中的每个元素。如果映射“求平方”（列表 1，2，3，4），那么会得到“（列表 1，4，9，16）”。如果有一个函数在一个区域上执行，我们可以使用 map 将该函数映射到所有县的列表上。我们该怎么得到所有县的列表呢？我们只要要求所有的区域告诉我们它们在哪个县，并且删除重复部分就可以。

报告器函数也需要插入CODE页面的底部，如下所示：

列表 22.7　报告区域的最大 pickMe 值

```
to-report maxPInCty [ctyN]
  let mic max [pickMe] of patches with [cty = ctyN]
  report one-of patches with [cty = ctyN and pickMe = mic]
end
to-report maxPInAllCty
  let patlst map MaxPInCty sort remove-duplicates [cty] of patches
  report patches with [member? self patlst]
end
```

我们的模型最复杂的函数是 go 函数，代码是这样的：

205

列表22.8　go函数

```
to go
  tick
  ask turtles [
```

```
    let fltlst filter [[pickme] of ? > pickme] sort maxPInAllCty with
    [distance myself >= 0]
    if not empty? fltlst
      [;print [pickme] of first fltlst
      setxy [pxcor] of first fltlst + xjitt [pycor] of
      first fltlst + yjitt
      set visited visited + 1
    ]
    ifelse isTarg
    [die]
    [
      ask patches with [pcolor =14 or pcolor =(14 + tCIrInc)]
        [set pickMe max list
          (random maxpm-(visited * 10 / turtN)) 0]
      ask patches with [pcolor = 54 or pcolor = (54 + tClrInc)]
        [set pickMe max list (random maxpm+offset-
          (visited * 10 / turtN)) 0]
    ]
  ]
  print "green"
  print mean [pickMe] of patches with [pcolor = 54]
  print "red"
  print mean [pickMe] of patches with [pcolor = 14]
  if count turtles = 0 [stop]
end
```

tick 函数会移动时钟。既然我们想让海龟做一些事，我们需要使用 ask 命令。在我们的函数中，我们会寻找每个县中 pickMe 最大的区域，随后将它们按与海龟的距离排序。这里使用 NetLogo 的内置函数 distance。

我们将这些操作产生的列表进行筛选（filter）（类似滤纸），使得那些 pickMe 值大于我们的海龟正处于位置的区域才能通过过滤器。

筛选是函数式编程中另一个重要的部分。

我们的算法只有在我们的眼睛能找到更好的地方时才会移动，也就是具有更高价值的区域。不幸的是，有时不会出现更好的区域。这种情况会使我们的代码变得复杂。我们通过查看我们筛选后的区域列表是否为空来检查这种情况。如果不为空，我们才会让海龟移动。

如果有更好的区域，我们就去列表中的第一个，因为我们按距离对列表进行了排序。接下来，我们会查询着陆的区域是否在目标上。如果是，海龟就“死了”（NetLogo术语，不是我们选的）。如果海龟还没有死，程序就会继续。每一次移动都会让所有的颜色区域随机指定 pickMe 的值，记住红色和绿色区域的取值范围不同。最后，在执行过程中，我们打印出了一些数据，主要是为了让你看到如何完成上述工作。

206

练习：将上面的代码整合在一起

将所有这些代码粘贴到一个NetLogo模型中并运行它。如果你发现无论你如何努力它都无法正常运行，那你可以参考我们在本章注释部分提供的完整代码[2]。如果你使用这段代码，不要忘记自己设置正确的坐标，同时你仍然需要手动添加按钮和滑动条。

22.7 执行眼动模型

花时间建立一个这样的模型的好处在于，我们可以利用模型来看看，当修改这个模型时，会发生什么（见图 22.2 ）。在第 1 章提出的建模的目标，是探索模型假设的含义。你觉得这个模型像不像人类在搜索视觉刺激时注视的模式？

练习：探索含义

借助眼动模型来进行基于 NetLogo 和智能体模型的实验。你可以探索：

- 获得更多的输出结果。你能够从这些数据中获取统计信息吗？ NetLogo 有写文件的功能，你能记录每只海龟的访问次数和总步数吗？
- 搜索时间和扫视次数是如何随着对象数量的增加而增加的？这与人的视觉搜索数据相比如何？
- 对绿色或者红色的偏好如何影响搜索的特征？例如，如果偏移量是 0 而不是 10，会影响搜索时间，使其和人类的表现保持一致吗？

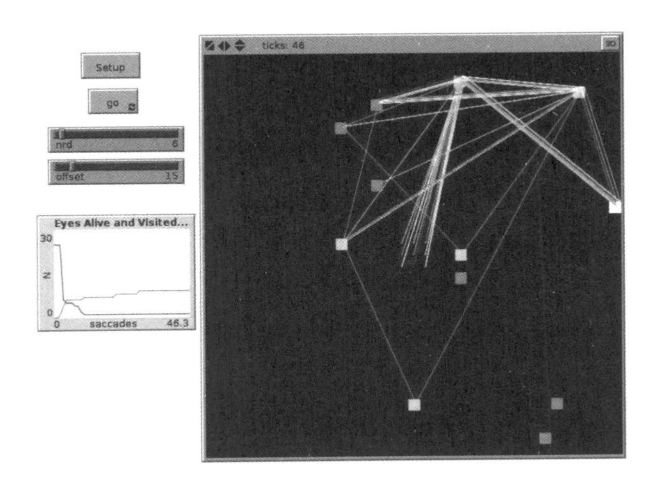

图 22.2　在同屏中显示25次搜索的扫视轨迹。请注意，在这种情况下，所有的高概率对象至少被访问过一次，而低概率对象则没有。大多数过程都是在搜索，而非直接移动到目标上，但是也并非在同一个区域徘徊。这个图像的模式和眼动的数据记录是保持一致的

22.8　总结

智能体模型是给一些旧想法命名一个较新的名字。它的具体细节类似于神经网络或者元胞自动机：使用一系列简单实体组成一个集合，这些实体会在局部进行计算，而你则可以观察这个集合所出现的宏观的行为。虽然人们认识到这种方法的价值已有一段时间，但在更复杂的社会场景中的应用仅仅被探索了20余年。从某种角度来说，智能体模型是由更强大和更廉价的计算机所推动的。台式计算机允许个人研究者，即使是没有丰富计算机经验的人，也能快速探索自己的各种想法。此外，为轻松编写这类模型而开发的专门的软件包，给那些没有时间编写特定代码的社会科学家使用智能体模型提供了机会。正如我们的示例所展示的，这类模型甚至可以跨越不同的社会场景，而智能体模型的理念和相关的开发软件，也可以用于各种建模项目。

207

第23章

结束语

最后，我想重提本书的目标。当下神经科学和心理学取得巨大飞跃的时机和技术已经成熟，而计算建模将会成为推动这一进步的主要方法之一。为此我写了这本书，希望通过让学生理解计算方法的价值，并确信自己能够掌握这个工具，来帮助他们加入这个事业中。另外，我也希望能够提供计算建模的基本课程。

为了完成这个目标，我讨论了从神经元到“剪刀、石头、布”游戏的一系列主题，尝试去说明数学符号就像大脑的分区名称一样，仅仅是你需要记忆的另外一些知识，而且记忆它们并不困难，但却十分重要。

我希望通过此书能让大家看到如今强大的计算机，是如何利用摧枯拉朽般的算力为我们寻找答案。如果能让计算机理解数学的概念和基本计算规则，它们就不需要掌握算法技巧。为了让那些不够自信的人确定他们可以通过编程实现他们的最终目标，我们从最简单的 Excel 开始，而以最先进的编程语言Lisp和Haskell结束。在通用语言的层面，考察了这些强大的编程概念来对认知过程进行建模的使用：ACT-R 和 NetLogo。这些练习确实有些复杂，但是它将会让你掌握真正有用的研究工具，而非仅仅是现在的电子表格软件。

一路走来，我也尝试分享一些这个领域中的开拓者的故事。我深受他们的鼓舞，并且将他们的事迹视为创新和科学发展的动力：要有跨学科思维，将经验与理论相结合，享受你所做的工作！

事实上，我把心理学、数学和计算机编程混在一起去写，是希望能够让你对本书的理解过程变得流畅，但这不可避免地增加了深入每一个学科的难度。由于篇幅有限，所以书中涉及的每个主题都比较简单，但这些主题之间确实存在着巨大的鸿沟。事实上，每一次涉及这些问题时，我都只是蜻蜓点水般掠过，并没有深入挖掘其背后的心理学背景和建模知识，但是你以后可以运用你的能力去深入探索。

如同我在前言中所说，请把这本书看作点心而非正餐。如今你已经具备了多样且来之不易的能力，请对你的未来充满信心。如果你想进一步研究任何本书中的主题和练习，请与我分享你的成果。

注　释

第1章　心理学中的计算方法的思想和范畴简介

1. http://bluebrain.epfl.ch/cms/lang/en/pid/56882

2. http://www.nytimes.com/2008/12/05/us/05hm.html?pagewanted = all

3. http://www.ted.com/talks/lang/eng/henry_markram_supercomputing_the_brain_s_secrets.html

4. http://www.networkworld.com/news/2009/112409-ibm-cat-brain.html

第2章　什么是微分方程？

1. 对方程式 2.1 的注解。方程式 2.1 的一个答案是$y = x$，因为$\frac{dy}{dx} = 1$，但是注意$y = 2x$也是一个解，因为$\frac{dy}{dx} = 2$。通常情况下，如果考虑到常数，微分方程的解并不是唯一的，但由于常数并不“有趣”，我们通过使用符号“C”把解写成$y = Cx+C'$。

2. 无穷小距离的概念，一个无限接近于零的距离，并不是建立导数存在的现代基础。现代推导使用的是极限的概念，但对于微积分的发现者莱布尼茨和牛顿来说，无穷小已经足够好了，所以对于我们来说也应该足够好。在之后，如果你想更严格地使用导数和微分方程，你需要熟悉极限的数学定义。

3. 有时你会看到等式两侧都有导数的式子，你可以利用代数规则重新排列方程，使之成为微分方程，有时则不行。也许你能找到更合适的解决办法，不过它仍然是微分方程。

第3章 微分方程的数值应用

1. 阻尼振荡器与我们的原始模型非常相似。我们考虑了一个阻尼项，阻尼意味着减少。这个模型中，我们假设弹簧上有一个阻力，模型方程是$a(t) = -Ps(t) - Qv(t)$。为了使你的原始模型适应这个阻尼版本，你只需要在你的电子表格中改变一个公式（为新的常数Q增加一个位置）。这个模型有振荡的必要吗？还是可以平滑衰减？如果是，曲线是什么形状的？

第5章 从动作电位到神经元编程：累积放电

1. http://en.wikipedia.org/wiki/Action_ potential
2. http://www.afodor.net/HHModel.htm
3. http://lcn.epfl.ch/gerstner/BUCH.html
4. http://www.afodor.net/HHModel.htm

第7章 霍奇金和赫胥黎：两位男士和他们的模型

1. http://www.nobelprize.org/nobel_ prizes/medicine/laureates/1963/
2. http://www.science.smith.edu/departments/NeuroSci/courses/bio330/squid.html

第10章 插曲：交互式计算

1. http://www.gnu.org/software/octave/

第13章 自动联想记忆和霍普菲尔德网络

证明霍普菲尔德网络的收敛性

① $E(f[k], f[j]) = -\frac{1}{2}A[j,k]f[k]f[j] - \frac{1}{2}A[k,j]f[j]f[k]$

② $E(f[k], f[j]) = -A[j,k]f[k]f[j]$

③ $E[k] = \sum_{j \neq k} -A[j,k]f[k]f[j]$

④ $E[k]=f[k]\sum_{j\neq k}-A[j,k]f[j]$

⑤ $\sum_{j\neq k}-A[j,k]f[j]$ 表示我们用什么来决定 $f[k]$ 是否改变。

⑥ $\Delta E[k]=E[k]$（新值）$-E[k]$（旧值）

$=f[k]$（新值）$\sum_{j\neq k}-A[j,k]f[j]-f[k]$（旧值）$\sum_{j\neq k}-A[j,k]f[j]$

$=(f[k]$（新值）$-f[k]$（旧值））$\sum_{j\neq k}-A[j,k]f[j]$

$=-\Delta f[k]\sum_{j\neq k}A[j,k]f[j]$

⑦ 如果 $f[k]$ 从1到 $-1\Rightarrow\Delta f[k]<0$ 和 $\sum_{j\neq k}A[j,k]f[j]<0$，那么它们的乘积大于零。因为前面有一个负号，所以整个公式的结果都是负的。另一种情况也是类似的逻辑。由于更新是异步的，此逻辑适用于所有更新过程。由于单元的数量是有限的，因此至少会有一个最小值。

第15章　用随机游走算法做决策

1. http://www.jstor.org/stable/2304386
2. http://www.nature.com/nature/journal/v464/n7289/full/464681b.html
3. http://psycnet.apa.org/psycinfo/2001-05332-006
4. http://www.psych.utoronto.ca/museum/hippchron.htm
5. http://en.wikipedia.org/wiki/Bean_machine

第16章　插曲：用Python编写心理学实验程序

1. http://numpy.scipy.org/
2. http://matplotlib.sourceforge.net/
3. http://www.briansimulator.org/
4. http://neuralensemble.org/trac/PyNN
5. https://www.ynic.york.ac.uk/software/dv3d
6. http://www.visionegg.org
7. http://www.psychopy.org/
8. http://osdoc.cogsci.nl/about/
9. http://code.google.com/p/psychopy/

第17章　布尔逻辑

1. http://royalsociety.org/
2. http://www.gutenberg.org/ebooks/15114

第18章　插曲：使用函数式语言进行科学计算

1. http://racket-lang.org/

第19章　产生式规则与认知

1. http://www.cs.cmu.edu/simon/kfrank.html
2. http://www.nytimes.com/2012/06/11/nyregion/chinatown-fair-returns-but-without-chicken-playing-tick-tack-toe.html?pagewanted = all
3. http://en.wikipedia.org/wiki/Production_system

第20章　插曲：简单产生式系统的函数式编程

1. http://www.haskell.org/platform

第21章　ACT-R：一种认知架构

1. http://jactr.org/
2. https://github.com/tcstewar/ccmsuite
3. http://act-r.psy.cmu.edu/
4. http://www.sbcl.org/getting.html
5. http://www.clisp.org/
6. http://www.quicklisp.org
7. http://www.lispworks.com/products/lispworks.html
8. http://act-r.psy.cmu.edu/actr6/

9. http://www.tcl.tk/software/tcltk/
10. “剪刀、石头、布” 模型完整代码

列表23.1 go函数

```
(defun judge (pl p2)
  (cond
    ((string= pl p2) "tie")
    ((and(string= pl "rock") (string= p2 "scissors"))"loss")
    ((and (string= pl "rock") (string= p2 "paper")) "win")
    ((and(string= p2 "rock")(string= p1 "scissors"))"win")
    ((and (string= p2 "rock") (string= pl "paper")) "loss")
    ((and (string= p2 "paper") (string= pl "scissors")) "loss")
    ((and (string= p2 "scissors") (string= pl "paper")) "win")
    (t nil)))


  ;;; The ACT–R model


  (clear-all)

  (define-model rps

    (sgp
        :esc t
        :1f 0.05
        :v t
        :trace–detail low
        :er t
        :b11 0.5
        :ol t
        :act nil
        :ul t
    )
    (chunk-type stage)
    (chunk-type game stage)
    (chunk-type trial plp p2p result)
```

```
  (add-dm
    (init isa stage)
    (makeplmove isa stage)
    (makep2move isa stage)
    (judge isa stage)
    (record isa stage)
    (quit isa stage)
    (contest isa trial)
    (g isa game stage init)
)

(p init
    =goal>
        isa      game
        stage    init
==>
   +retrieval>
        isa      trial
   =goal>
        stage    makep1move
)

(p getplmove
    =goal>
      isa        game
      stage      makeplmove
    =retricval>
      isa        trial
==>
      !bind! =plchoose (car (permute-list '("rock" "rock" "paper" "scissors")))
      =goal>
          stage makep2move

  =retrieval>
      plp      =pl choose
)
```

```
(p p2rock
    =goal>
        isa     game
        stage   makep2move
    =retrieval>
        isa     trial
        plp     =plp
==>
    =goal>
        stage   judge
    =retrieval>
        p2p     "rock"
)


(p p2paper
    =goal>
        isa     game
        stage   makep2move
    =retrieval>
        isa     trial
        plp     =plp
==>
    =goal>
        stage   judge
    =retrieval>
        p2p     "paper"
)


(p p2scissors
    =goal>
        isa     game
        stage   makep2move
    =retrieval>
        isa     trial
        plp     =plp
```

```
==>
   =goal>
      stage   judge
   =retrieval>
      p2p     "scissors"
)

 (p whoWon
    =goal>
       isa     game
       stage  judge
    =retrieval>
       isa     trial
       p1p     =p1c
       p2p     =p2c
==>
   !bind! =outcome (judge =plc =p2c)
   ;;!output! =outcome
   =retrieval>
       result  =outcome
   =goal>
       stage  record
)


 (p recordlWon
    =goal>
       isa     game
       stage  record
    =retrieval>
       isa     trial
       plp     =plc
       p2p     =p2c
       result "1oss"
==>
    !output!("P1 won")
    =goal>
```

```
        stage  init
)

(p record2Won
    =goal>
        isa     game
        stage   record
    =retrieval>
        isa     trial
        p1p     =p1c
        p2p     =p2c
        result  "win"
==>
    !output! ("P2 won")
    =goal>
        stage   init
)


(p recordTie

      =goal>
          isa    game
          stage record
      =retrieval>
          isa    trial
          p1p    =p1c
          p2p    =p2c
          result "tie"
==>
      !output! ("Tie")
      =goal>
          stage init
)


(p quit
```

```
    =goal>
        isa      game
        stage    quit
==>
    -goal>
)

(spp record1Won:reward-1)
(spp record2Won:reward 1)
(spp recordTie:reward 0)

(goal-focus g)
)
```

第22章　基于智能体的建模

1. http://ccl.northwestern.edu/netlogo/
2. NetLogo 眼动模型完整代码:

列表23.1　go函数

```
;;; Eye Movement Model
;;; Author: Britt Anderson
;;; Date: April 22, 2012

;global variables from eye movement model
globals [ngd
         ctyPSz
         tClr
         tClrInc
         startx
         starty

          maxpm
          turtN]
    ;variables local to turtles
    turtles-own [xjitt yjitt]
```

```
;variables local to patches
patches-own [isDia
             isTarg
             cty
             pickMe
             visited]


;every model needs a setup function
to set up
  ;now begin by clearing all variables
  ca
  ;color patches black unless they are diamonds
  ;if they are, color red and green, and pick the target
  set maxpm 60
  set ngd nrd
  set ctyPSz 5
  set tClrInc 13
  set startx max-pxcor / 2
  set starty max-pycor / 2
  set turtN 10
  ask patches
  [

 set pcolor black
 set isDia false
 set isTarg false
 set pickMe-1
 whichCty
 set visited 0
]
ask n-of nrd patches [
 set pcolor 14
 set isDia true
 set pickMe random maxpm
]
ask n-of ngd patches with [pcolor = black]
[
```

```
      set pcolor 54
      set isDia true
      set pickMe random maxpm + offset
    ]
    ask n-of 1 patches with [pcolor != black]
    [
      set tClr pcolor
      set pcolor pcolor + tClrInc
      set isTarg true
    ]
    crt turtN
    [
      set shape "eyeball"
      set xcor one-of (map [? + startx] [-1 0 1])
      set ycor one-of (map [? + starty] [-1 0 1])
      set xjitt random-float 0.5
      set yjitt random-float 0.5
      pen-down
    ]
    reset-ticks
end;this concludes a procedure


;now the function for what to do when turtles move
to go
    tick
    ask turtles [
      let fltlst filter[[pickme] of?> pickme]
          sort maxPInAllCty with [distance myself >= 0]
      if not empty? fltlst
      [
        ;print [pickme] of first fltlst
        setxy [pxcor] of first fltlst +
              xjitt [pycor] of first fltlst + yjitt
        set visited visited + 1
      ]
       ifelse isTarg
```

```
      [die]
      [
        ask patches with [pcolor =14 or pcolor =(14 +tClrInc)]
            [ set pickMe max list (random maxpm-
            (visited * 10 / turtN)) 0]
        ask patches with [pcolor = 54 or pcolor =(54 + tClrInc)]
            [set pickMe max list (random maxpm + offset -
            (visited * 10 / turtN)) 0]
      ]
   ]
   print "green"
   print mean [pickMe] of patches with [pcolor = 54]
   print "red"
   print mean [pickMe] of patches with [pcolor = 14]
   if count turtles =0 [stop]
end

;computes the county for a patch
;only apply to patches with diamonds
to whichCty
      set cty (floor (pxcor / ctyPSz)) +
          (floor (pycor / ctyPSz)) * (ceiling (max-pxcor / ctyPSz))
end

to-report maxPInCty [ctyN]
   let mic max [pickMe] of patches with [cty = ctyN]
   report one-of patches with [cty = ctyN and pickMe = mic]
end

to-report maxPInAllCty
   let patlst map MaxPInCty sort remove-duplicates [cty] of patches
   report patches with [member? self patlst]
end
```

参考文献

Anderson, J. A., & Davis, J. (1995). An Introduction to Neural Networks (Vol. 1). MIT Press.

Anderson, J. R., Bothell, D., Byrne, M., Douglass, S., Lebiere, C., & Qin,Y. (2004). An integrated theory of the mind. Psychological Review, 111, 1036–1060.

Anderson, J. R.,&Kline, P. J. (1977). Psychological aspects of a pattern directed inference. Sigart Newsletter, 63, 60–65.

Barski, C. (2010). Land of Lisp. San Francisco, CA: No Starch Press.

Catterall, W. A., Raman, I. M., Robinson, H. P., Sejnowski, T. J., & Paulsen, O. (2012). The Hodgkin-Huxley heritage: From channels to circuits. Journal of Neuroscience, 32, 14064–14073.

Caudill, M.,&Butler, C. (1992). Understanding Neural Networks: computer explorations. Volume 1: Basic Networks. Cambridge, MA: MIT Press.

Collobert, R., & Bengio, S. (2004). Links between perceptrons, mlps and svms. In Proceedings of the twenty-first international conference on machine learning (p. 23).

Craik, K. (1952). The Nature of Explanation. Cambridge: Cambridge University Press.

Ellsberg, D. (1961). Risk, ambiguity, and the savage axioms. The Quarterly Journal of Economics, 75, 643–669.

Galton, A. (1990). Logic for Information Technology. Chichester: JohnWiley & Sons, Inc.

Garrett, B. (2011). Brain & Behavior: An introduction to biological psychology. London: Sage.

Gasser, J. (2000). A Boole Anthology: recent and classical studies in the logic of George Boole (Vol. 291). Berlin: Springer.

Gerstner,W.,&Kistler,W. (2002). Spiking Neuron Models: Single neurons, populations, plasticity. Cambridge: Cambridge University Press.

Gold, J. I., & Shadlen, M. N. (2007). The neural basis of decision making. Annual Review of Neuroscience, 30, 535–574.

Griffiths, T., Chater, N., Kemp, C., Perfors, A., & Tenenbaum, J. (2010). Probabilistic models of cognition: Exploring representations and inductive biases. Trends in Cognitive Sciences, 14, 357–364.

Hebb, D. (1949). The Organization of Behavior: A Neuropsychological Theory. Chichester:

John Wiley & Sons, Inc.

Hopfield, J. (1982). Neural networks and physical systems with emergent collective computational abilities. Proceedings of the National Academy of the United States of America, 79, 2554– 2558.

Hutton, G. (2007). Programming in Haskell. Cambridge: Cambridge University Press.

Johnson-Laird, P., Byrne, R., & Schaeken,W. (1992). Propositional reasoning by model. Psychological Review, 99, 418–439.

Kumar, S., Forward, K., & Palaniswami, M. (1995). An experimental evaluation of neural network approach to circuit partitioning. In IEEE International Conference on Neural Networks, 1, (pp. 569–574).

Lipovaca, M. (2011). Learn You a Haskell for Great Good! A beginner's guide. San Francisco, CA: No Starch Press.

Mainen, Z., & Sejnowski, T. (1995). Reliability of spike timing in neocortical neurons. Science, 268, 1503.

McClelland, J. (2009). The place of modeling in cognitive science. Topics in Cognitive Science, 1, 11–38.

McClelland, J., Botvinick, M., Noelle, D., Plaut, D., Rogers, T., Seidenberg, M., & Smith, L. (2010). Letting structure emerge: connectionist and dynamical systems approaches to cognition. Trends in Cognitive Sciences, 14, 348–356.

McClelland, J., & Rumelhart, D. (1981). An interactive activation model of context effects in letter perception: I. an account of basic findings. Psychological Review, 88, 375–407.

McCulloch,W., & Pitts,W. (1943). A logical calculus of the ideas immanent in nervous activity. Bulletin of mathematical biology, 5(4), 115–133.

Minsky, M., & Papert, S. (1969). Perceptrons: An introduction to computational geometry. Cambridge, MA: MIT Press.

Newell, A., & Simon, H. A. (1961). GPS: A program the simulates human thought. In Lernende Automaten (pp. 109–124). Berlin: Oldenbourg

O'Sullivan, B., Stewart, D., & Goerzen, J. (2009). Real World Haskell. San Francisco, CA: O' Reilly Media.

Posner, M. (1980). Orienting of attention. Quarterly Journal of Experimental Psychology, 32, 3–25.

Railsback, S., & Grimm, V. (2011). Agent-based and individual-based modeling: A practical introduction. New Jersey: Princeton University Press.

Ratcliff, R., & McKoon, G. (2008). The diffusion decision model: Theory and data for two-choice decision tasks. Neural Computation, 20, 873–922.

Rosenblatt, F. (1958). The perceptron: A probabilistic model for information storage and organization in the brain. Psychological Review, 65, 386–408.

Rosenblatt, F. (1960). Perceptron simulation experiments. Proceedings of the IRE, 48, 301–309.

Simini, F., Gonz'alez, M., Maritan, A., & Barab'asi, A. (2011). A universal model for mobility and migration patterns. Arxiv preprint, arXiv:1111.0586.

Smith, P., & Ratcliff, R. (2004). Psychology and neurobiology of simple decisions. Trends in Neurosciences, 27, 161–168.

Tentori, K., Crupi, V., & Russo, S. (2013). On the determinants of the conjunction fallacy:Probability versus inductive confirmation. Journal of Experimental Psychology: General,142, 235–255.

Turing, A. (1936). On computable numbers, with an application to the Entscheidungsproblem. Journal of Mathematics, 58, 345–363.

Tversky, A., & Kahneman, D. (1983). Extensional versus intuitive reasoning: The conjunction fallacy in probability judgment. Psychological Review, 90, 293–315.

Von Neumann, J. (1958). The Computer and the Brain. New Haven, CT:Yale University Press.

Wagenmakers, E.,Van Der Maas, H., & Grasman, R. (2007). An EZ-diffusion model for response time and accuracy. Psychonomic Bulletin & Review, 14, 3–22.

Wolfram, S. (2002). A New Kind of Science. Champaign, IL:Wolfram Media.

索　引

（索引所标示数字为本书边码）

译后记

我从博士一年级就开始和出版社联系《计算神经科学和认知建模》的翻译，可以说这本书贯穿了我攻读博士学位的整个时光。而这个翻译过程，也伴随了我在导师指导下，学术观和世界观的转变与成熟。

我眼中的学术工作，事实上是一场战争——现实世界当中充满了不确定性，而研究者则是人类当中与不确定性对抗的战士。在研读学术论文的时候常常会发现，研究前沿的领域和热点总是随着时间的推移而变化，所以大多数时候，研究者并没有办法找到什么真理。有的时候你可能通过艰苦的工作，得到了一点点突破，却在后续的验算和检查当中将其全部推翻。在一篇篇富有学术美感的文章背后，实际上是大量枯燥无趣、繁芜丛杂的实验和思考，需要通过"讲故事"的方式来提升观感。而这种现象的根本原因，不在于研究者不够聪明，也不在于研究者不够勤奋，而是因为我们生活的世界本身就是混乱且无序的，难以找出稳定的规律。而尝试从这种无序中，找出秩序，便是研究者们堂吉诃德般的浪漫。

研究者们之所以这般前赴后继，只是因为不喜欢不确定性。不确定性意味着我们无法控制自己的生活来满足自己的需求。但至少我自己不得不承认的是，我一路上所得到的知识和发展，都源自于偶然的机会。如果不是小学、中学时期，我父母对我学习计算机时不计成本的支持，我就没有机会从本科的中医学转入如今所从事的计算神经建模方向；如果不是在全国心理学学术会议上做报告时偶然遇到余嘉元教授，我就不会开始思考心理学研究中数据分析的前沿在哪里；如果不是在中国人民大学上课时受到韩坤老师的推荐，我也无缘吴喜之教授的言传身教，从而加深我对统计学的思考。这其中每一次机会都充满了随机性，最终把我导向了这几年的博士工作。如果没有这几个关口，我可能在做中医，或者其他的工作。正是它们，将我不确定的人生，收束到了现在这条道路上。

我联系出版社翻译这本书的目的，也正是为了降低这个领域工作的不确定性。当我刚开始学习计算神经科学研究的时候，令人摸不着头脑的思维方式，杂乱无章的属于和艰深的数学建模技术让我痛苦不堪，而中文资料的缺乏让这个过程变得更加煎熬。而当我在阅读国外的各种教材之后，让后来者的学习过程变得更加容易的想法就浮现于脑海之中。最终我选择了翻译这本书，并在PsychoR和统计学的两个团队的好友的帮助下得以完成。

我选择翻译这本书的主要原因是它对初学者足够友好。尽管不得不说，书中有些技术看似有点过时(比如Python 2)，或者和领域中常用技术有些差异(比如Lisp和Haskell)，但是这本书中充斥着作者循序渐进甚至有些啰嗦的指导，和无处不在的情感支持。翻开这本书，你能看到这本书对计算神经建模的基本思想和主要问题作了梳理，随后又带领大家对领域内的主要研究问题一一做了探讨。在实践部分，为了减轻读者的畏难情绪，主要选择Excel这类电子表格软件作为练习工具，同时又概览了复杂的编程工具，使读者有机会深入学习。

在此，特别感谢我的导师的支持，感谢一起参与翻译的陈小聪、张沥今、杨逸东、边蓓蕾、李宇轩，还要感谢浙江教育出版社的编辑们对我拖延症的宽宏大量，使这本书最终得以送到大家的手中。如果通过阅读这本书，能够降低一点点大家在学习过程和学术工作中的不确定性，那对于整个翻译团队而言就是莫大的成功。

夏骁凯

2023年9月